MELÃO

Gestão Integrada de Cultivo

INDICE

3

APRESENTAÇÃO

O Brasil figura, juntamente com Índia e China, como um dos países mais importantes no âmbito mundial da produção de frutas. Tem-se observado incremento da produtividade (kg/ha) das frutas brasileira, que é resultado de pesquisas em diferentes áreas de conhecimento. Dentre elas, destaca-se a de análise de dados e indicação do melhor material genético. Diversas são as literaturas, já publicadas, que descrevem a estatística (básica e aplicada), a genética, o melhoramento e os modelos biométricos. Este livro tem por objetivo apresentar as aplicações de diferentes técnicas biométricas especificamente no melhoramento genético das frutas. Para detalhes sobre informações dos modelos, sugerimos a leitura de artigos originais e obras especializadas.

Neste livro, são abordados temas como: a origem, distribuição geográfica e importância econômica, descritores fenotípicos, natureza dos caracteres agronômicos e aplicações das técnicas biométricas (divergência genética, herdabilidade, endogamia, repetibilidade, índice de seleção, interação genótipos x ambientes, adaptabilidade e estabilidade, no melhoramento genético do melão.

1. INTRODUCAO

O meloeiro é cultivado em grande parte do mundo, nas zonas geográficas entre 50° de Latitude Norte e 30° de Latitude Sul, fundamentalmente em regiões de climas quentes e secos. Porém, com as inovações tecnológicas como as construções de estufa para modificação do clima passou-se a produzir melões em regiões onde não se cultivavam no passado.

O meloeiro (*Cucumis melo* L.) o primeiro registo de cultivo desta planta em condições de ambiente protegido é de Martialis 93 a.C., o mesmo relata a prática dos antigos romanos na utilização de materiais transparentes na cobertura de abrigos. Em 77 a.C. foram descritos os esforços conduzidos na obtenção de pepinos cultivados em vasos com rodas para o imperador Tiberius.

Neste especto, gradativamente, o uso do cultivo em ambiente protegido difundiu-se das regiões de clima frio, passou pelas regiões tropicais e chegou, enfim, as desérticas. A utilização do plástico como insumo e suas técnicas não eram empregadas corretamente, porém, quebrou-se a resistência dos produtores mais conservadores e técnicas a respeito da produção ocorreu mudanças significativas (Sganzerla,1995).

2. IMPORTÂNCIA DO CULTIVO DO MELÃO

O meloeiro é cultivado em grande parte do mundo, nas zonas geográficas entre 50° de Latitude Norte e 30° de Latitude Sul, fundamentalmente em regiões de climas quentes e secos. Porém, com as inovações tecnológicas como as construções de estufa para modificação do clima passou-se a produzir melões em regiões onde não se cultivavam no passado.

2.1. Situação mundial da cultura do melão

A produção mundial de melão gira em torno de 25,5 milhões de toneladas, das quais 18 milhões são produzidas na Ásia, onde o Japão é hoje o principal país que utiliza a técnica da plasticultura, podendo manter a oferta de hortaliças, apesar das suas limitações nas áreas agricultáveis e de seu clima adverso. Depois do Japão outros países também passaram a utilizar essa técnica, tais como; Estados Unidos, Itália, França, Espanha, Israel entre outros.

Tabela – Principais países produtores.

País	Área (ha)	Produtividade (kg/ha)	Produção (t)
China	395.340	30,92	12.224.80
Turquia	91.195	18,41	1.679.190
Irã	76.844	16,64	1.278.540
EUA	37.610	28,45	1.069.980
Espanha	31.400	32,07	1.007.000
Índia	40.069	20,72	830.244
Egito	30.000	25,00	750.000
Marrocos	23.000	31,74	730.000
México	21.024	26,27	552.371
Itália	22.300	23,35	520.800
Guatemala	19.913	22,88	455.556
Brasil	**17.544**	**22,97**	**402.959**

A produção de melão no Brasil dobrou nos últimos 16 anos, saltando de 264,4 mil toneladas em 2001 para 540 mil toneladas em 2017, segundo dados da Pesquisa Agrícola Municipal – PAM, realizada pelo IBGE. No mesmo período a área colhida cresceu 64,6%. A conquista de mercados importantes interna e externamente, além da melhoria da qualidade do produto, fez com que o valor da produção crescesse em 437% ao longo desses anos.

Variável/Ano	2001	2016	2017	Variação 2017/2001	Variação 2017/2016
Área colhida	14.198	23.105	23.377	64,6%	1,2%
Quantidade produzida (tonelada)	264.431	596.430	540.229	104,3%	-9,4%
Rendimento médio da produção (kg/hectare)	18.624	25.814	23.109	24,1%	-10,5%
Valor da produção (mil reais)	91.785	597.724	492.874	437,0%	-17,5%

PRODUCAO NO BRASIL, 2017

O rendimento médio da produção apresentou um crescimento de 24,1% de 2001 a 2017. Se considerar o período de 2001 a 2016, o crescimento na produtividade do melão foi de 38,6%. Em 2014 a produtividade foi ainda maior, de 26.820 kg/hectare.

A produção de melão no país teve uma queda acentuada de 2016 para 2017 em função da forte estiagem que atingiu algumas regiões do nordeste brasileiro, onde se localiza a maior parte da produção da fruta. Em anos anteriores, pelo mesmo motivo, a produção já vinha apresentado alguns recuos, com reflexo na produtividade (IBGE, 2018). Ainda o estudo afirma que a região Nordeste é a principal produtora de melão, contribuindo com mais de 90% da produção nacional. A expansão da cultura na região se deve à atuação de grandes empresas, que destinam boa parte da sua produção para exportação.

Pelos dados da PAM/IBGE 2017, a produção de melão no Brasil foi de 540 mil toneladas distribuídas em cerca de 23 mil hectares, com um rendimento médio de 23 toneladas por hectare. O Estado do Rio Grande do Norte foi responsável por 63% da produção nacional, 338,7 mil toneladas, cultivados em 13 mil hectares, com um rendimento médio de 25,7 toneladas por hectare. O Ceará, segundo colocado, produziu 13% do total em 2017 em 2,6 mil hectares, com um rendimento de 27,5 t/ha, superior ao do Rio Grande do Norte.

A expansão do cultivo do Melão ao longo dos últimos anos se deu principalmente no Estado do Rio Grande do Norte e Ceará, devido especialmente às fontes de abastecimento de água na região produtora desses estados. Nos últimos anos ocorreu uma grande migração da produção de melão do estado de Ceará para o Rio Grande do Norte devido à grande seca que ocorreu na região.

A crise hídrica no Ceará foi mais grave do que a do Rio Grande do Norte, que tem água em abundância no subsolo, no aquífero da Chapada do Apodi, além da diferença tecnológica empregada na irrigação: no Ceará a irrigação se desenvolve utilizando águas artificiais e no Rio Grande do Norte a produção se desenvolve a partir de poços tubulares. Em alguns municípios, devido à grande exploração do lençol freático, e de baixa reposição de água subterrânea, também ocorreu forte queda da produção de melão. Uma das características da produção de melão nessa região é sua grande mobilidade espacial. A produção na região é caracterizada por grandes agroindústrias1.

Na Tabela abaixo estão os 23 municípios produtores de Melão, sendo que os 20 primeiros são os principais produtores do Brasil. Esses dados reforçam a importância do estado do Rio Grande do Norte na produção de melão no país. As três cidades que mais produziram, Mossoró, Tibau e Apodi, responderam por 54% de toda a produção nacional e 85% da produção do estado do Rio Grande do Norte.

O rendimento médio da produção em Apodi foi o maior entre todas essas cidades, de 37 toneladas por hectare, bem superior à média apresentada por Mossoró e Tibau. Entre esses 20 municípios que mais produzem Melão, e os 3 municípios acrescentados, somente Mossoró tem o IDH superior à média nacional, que era de 0,699 em 2010.

Municipios	Quantidade produzida (toneladas)	Área colhida (hectares)	Rendimento médio da produção (kg/hectare)	Valor da produção (mil reais)	IDH – Municipal (2010)
Mossoró (RN)	199.000	8.000	24.875	149.250	0,720
Tibau (RN)	49.600	2.000	24.800	32.240	0,635
Apodi (RN)	40.671	1.090	37.313	34.570	0,639
Aracati (CE)	26.600	950	28.000	16.492	0,655
Canto do Buriti (PI)	25.724	855	30.087	69.647	0,576
Icapuí (CE)	22.237	800	27.796	17.345	0,616
Limoeiro do Norte (CE)	21.654	802	27.000	28.150	0,682
Ribeira do Amparo (BA)	21.010	938	22.399	23.111	0,512
Juazeiro (BA)	21.000	1.368	15.351	14.910	0,677
Baraúna (RN)	15.000	500	30.000	15.000	0,574
Inajá (PE)	12.000	600	20.000	10.800	0,523
Governador Dix-Sept Rosado (RN)	9.900	350	28.286	6.435	0,592
Galinhos (RN)	8.960	320	28.000	7.168	0,564
Upanema (RN)	4.500	150	30.000	2.925	0,596
Afonso Bezerra (RN)	4.000	200	20.000	3.200	0,585
Sobradinho (BA)	3.761	178	21.129	2.294	0,631
Macau (RN)	3.545	383	9.256	2.836	0,665
Curaçá (BA)	3.427	244	14.045	2.365	0,581
Lagoa Grande (PE)	3.078	171	18.000	2.462	0,597
Santa Maria da Boa Vista (PE)	2.500	100	25.000	1.000	0,590
Casa Nova (BA)	1.613	100	16.130	807	0,570
Açu (RN)	1.500	60	25.000	1.200	0,661
Carnaúbais (RN)	108	6	18.000	86	0,589

PRODUÇÃO POR MUNICIPIO, 2017

- Exportações

A informação sobre o Índice de Desenvolvimento Humano - IDH pretende sinalizar se o município pode ou não estar incorporando os ganhos com a produção dessa cultura para melhorar a condições básicas de vida da população (IBGE, 2017).

Segundo informações do Anuário da Fruticultura 2018, cerca de 60% da produção é destinada para o mercado externo, o que coloca a fruta como a mais exportada quando se utiliza o critério de percentagem da produção. Segundo dados de janeiro de 2018 das Estatísticas de Comércio Exterior do Agronegócio Brasileiro (Agrostat), do Ministério da Agricultura, Pecuária e Abastecimento (Mapa), em 2017 foram embarcadas 233,6 mil toneladas, totalizando mais de US$ 162,9 milhões, um incremento de 4% em relação ao ano anterior. Hoje, os maiores compradores da fruta brasileira são Inglaterra, Holanda e Espanha, mas o mercado interno também ganha com a qualidade dos produtos. O produto também chega aos Emirados Árabes, além de países da América do Norte e América Latina. Novos mercados estão recebendo a fruta, como Oriente Médio e Rússia, e, em breve, poderá chegar também a mercados asiáticos.

No passado, havia grande diferença no sabor por causa dos teores de açúcar, uma vez que se exportava as melhores frutas. Agora, isso não ocorre mais. "Melões de qualidade tipo exportação também são ofertados regularmente no mercado interno. Os produtores estão valorizando suas marcas, fazendo seleção muito criteriosa antes de colocar suas identificações. E o consumidor está sabendo identificá-las", ressalta o presidente da Associação Brasileira dos Produtores e Exportadores de Frutas e Derivados (Abrafrutas), Luiz Roberto Barcelos. A produção se torna mais intensa a partir de setembro, até janeiro. "Neste período do ano, apenas o Brasil fornece as frutas para o mercado Europeu, que é o maior consumidor", revela o presidente da Abrafrutas.

A maior empresa produtora de melão e melancia do Brasil e uma das maiores do mundo é a Agrícola Famosa, empresa de capital nacional situada na divisa dos estados do Rio Grande do Norte e Ceará, que hoje conta com quase 9.000 empregados nos períodos de safra, e com uma área atual total de mais de 30.000 hectares . Um dos sócios fundadores presidente do Comitê Executivo de Fruticultura do RN e da Associação Brasileira dos Produtores e Exportadores de Frutas e Derivados (Abrafrutas), Luiz Roberto Barcelos.

2.2. Emprego e remuneração

Segundo dados da RAIS/MTb, em 31 de dezembro de 2017 havia 12.053 pessoas ocupadas formalmente na cultura do Melão, com um rendimento médio de R$ 1.414,41, um rendimento 51% superior ao salário mínimo do país, de R$ 937,00.

Do total de ocupados, 10.506 eram homens e 1.547 eram mulheres. Os dados apontam que os homens possuem um rendimento de R$ 1.477,39, enquanto as mulheres recebem, em média, R$ 1.310,51, 88% do rendimento masculino. No Rio Grande do Norte é o estado com maior produção da fruta, aparece com 6.997 vínculos formais, com

6.056 homens e apenas 941 mulheres. As mulheres recebiam, em média, 85% do rendimento dos homens.

Como muitas das ocupações são temporárias, muitos trabalhadores só conseguem permanecer no emprego durante o período de safra, que normalmente vai de 3 a 6 meses por ano. Esse período não é suficiente para garantir uma renda média anual que garanta uma qualidade de vida digna para o trabalhador e sua família, além dos direitos trabalhistas vinculados à formalização. Segundo o mesmo estudo é um relatório de informações socioeconômicas solicitado pelo Ministério do Trabalho e Emprego brasileiro às pessoas jurídicas e outros empregadores anualmente. Os dados se referem a mão-de-obra ocupada no dia 31 de dezembro de cada ano. No melão, o tempo de contratação de 59% dos trabalhadores tem vínculos de até 11,9 meses, sendo que 44% tem contrato até 5,9 meses.

Para exemplificar melhor segundo o estudo, um trabalhador do Rio Grande do Norte, que é o maior empregador, que permanece durante 3 meses com uma remuneração média de R$ 1.375,75, receberá, ao fim do contrato, R$ 4.127,25. 6% dos trabalhadores estão nessa situação. Se for a única ocupação no ano, sua renda em 12 meses será de R$ 343,94 por mês. Se a ocupação durar 06 meses, ao fim do contrato o trabalhador terá recebido R$ 8.254,50, 48% dos trabalhadores, e se não tiver outra ocupação no ano, no final terá uma renda mensal de R$ 687,88, excluindo possíveis descontos ou benefícios. Também foram analisados os dados do Caged, que mostram as movimentações (contratações e desligamentos). De maio a agosto é o período com maior volume de contratação. Após agosto, há muitas demissões, demonstrando a sazonalidade de grande parte das contratações nesse setor.

2.3. Consumo

O consumo de melão no Brasil, dividido por faixas da classe de renda, ainda é bastante concentrado nas camadas de maior poder aquisitivo. A fruta é mais consumida por pessoas que recebem acima de 15 salários mínimos.

O melão é consumido no Brasil como fruta fresca ou na forma de refrescos. Tem propriedades refrescantes e hidratantes, pois é composto de 90% de água.

O consumo de melão deve-se a grande aceitação do fruto na alimentação humana, principalmente sob a forma "in natura". O sabor é muito apreciado pelos consumidores e possui um grande valor nutritivo, nas formas de Vitaminas A, B e C, além de elevados teores de compostos nitrogenados, cálcico e potássio e baixo teor de gordura, em torno de 0,5%, e colesterol inexistente.

O fruto do melão pode ser consumido na alimentação humana em diversas formas além do "in *natura*", destacando o seu emprego em sucos, produtos de confeitaria, aguardente, perfumes, doces e compotas e os frutos descartados para o comércio podem ser utilizados na preparação de ração para alimentação animal.

2.4. Importância alimentar

O melão é a quarta hortaliça mais produzida no Brasil e possui em sua constituição de 90 a 95% de água, sendo uma das mais ricas em nutrientes da família das *cucurbitaceaes*.

Tabela – Composição química de 100g de melão

Unidade	Quantidade
Calorias	25
Proteínas	0,5 g
Cálcio	15 mg
Fósforo	15 mg
Ferro	1,2 mg
Sódio	35 mg
Vitamina A	116 mg
Vitamina B	0,04 mg
Vitamina B12	0,03 mg
Vitamina C	29 mg
Proteínas	1 g
Carboidratos	13 g
Gordura	0 g
Colesterol	0 mg
Fibra	1 g
Açucares	12 g
PH	5,0 - 6,0

Acredita-se que a forma de consumo do melão evita as perdas de nutrientes, já que é ingerido como fruta fresca e não cozido, como outras hortaliças. O melão e uma fruta com boa fonte de *B-caroteno* ou pró-vitamina.

Os frutos, quando colhidos no ponto ideal de

maturação, são ótimas fontes de açúcares e vitamina C, apresentados na tabela abaixo, o melão disputa a faixa mercadológica daqueles que preferem produtos naturais com baixos teores de gordura e colesterol.

- 2.5. Propriedades terapêuticas

Os melões do tipo *Cantaloupes* de polpa laranja encontram-se entre os mais nutritivos, uma porção de 100g proporciona mais da metade da dose diária recomendada de vitamina C/pessoa. Além disso, o melão possui pequenas propriedades laxantes e, de infusão, atuando na coagulação do sangue, prevenindo hemorragias e diminuindo a velocidade de descalcificação dos ossos em idosos.

2.6. Saúde e Contaminação

De acordo com os últimos dados disponíveis, o Brasil e o maior consumidor de agrotóxicos no mundo. Ao mesmo tempo quase metade dos princípios ativos liberados no país são proibidos na Europa. Esse cenário é preocupante para consumidores e para os trabalhadores rurais que são expostos diariamente a essas substâncias.

Entre 2007 e 2017, cerca de 111 mil pessoas foram registradas pelo Ministério da Saúde como tendo sido expostas ou intoxicadas por agrotóxicos no país. O problema é que existe uma subnotificação da exposição por agrotóxicos. Trabalhadores rurais procuram os serviços de saúde, mas muitos médicos se recusam a classificar os problemas apresentados como contaminação. De acordo com Ileana Neiva Mousinho, Procuradora do Ministério Público do Trabalho do Rio Grande do Norte, "a Previdência Social tem concedido benefícios sob o código B31, considerado benefícios de natureza previdenciária, e não acidentária. (...). O que o Ministério Público tem colocado nessa atividade de propulsão de políticas públicas é a necessidade tanto do Instituto Nacional de Seguridade Social (INSS) quanto do Sistema Único de Saúde (SUS) pesquisarem o nexo com a utilização de agrotóxicos. Já segundo Daniel Araújo Saldanha, diretor de Meio Ambiente e Saúde do Trabalhador do Sindicato dos Trabalhadores e Trabalhadoras Assalariados Rurais de Petrolina, identifica um problema similar ao relatado pela Procuradora. Segundo ele, são poucos os médicos que dão diagnóstico de contaminação e os exames utilizados não seriam os mais adequados, pois a contaminação ocorreria pelo acúmulo da substância no corpo ao longo do tempo: A medicina, não relaciona ao agrotóxico. inclusive, o exame de colinesterase que é feito comumente aqui na região não indica agrotóxico no sangue do trabalhador.

Existe ali um acúmulo, mas ainda não está intoxicado. Essa é a visão do exame de colinesterase, que, a meu ver, não é o exame indicado para mostrar que há agrotóxico no sangue do trabalhador.

"Há um receio de médicos da região em afirmar que tal situação e decorrente do uso ou não da exposição ao agrotóxico (foto abaixo), percebemos que nos hospitais aumentam os casos de trabalhadores com câncer fica a suspeita de que seja do uso indiscriminado de agrotóxicos". Frase de José Manoel dos Santos – Sindicato dos Trabalhadores e Trabalhadoras Assalariados Rurais de Juazeiro (BA)

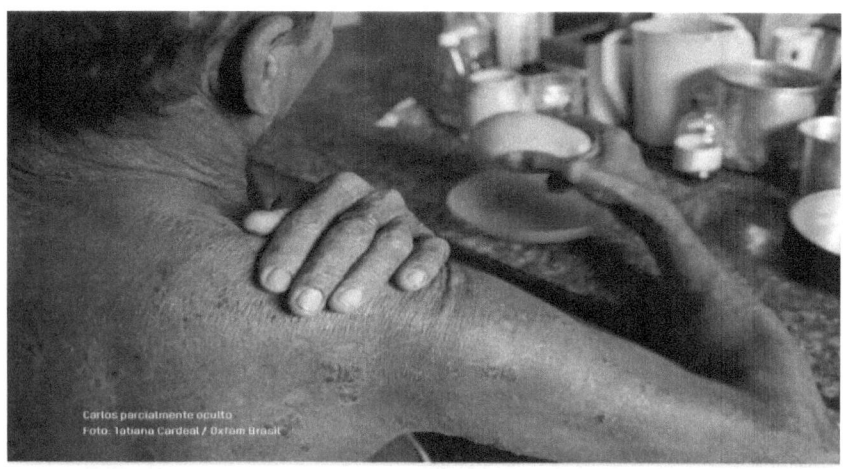

FOTO - DOENÇA POR AGROTÓXICO

3. ORIGEM, CLASSIFICAÇÃO BOTÂNICA.

3.1. Origem

O melão (*Cucumus melo* L.) é uma *cucurbitácea* cujo local de origem ainda não é bem definido. Alguns pesquisadores atribuem ao continente africano e outros ao Oeste da Ásia. É especulado ainda que os primeiros testemunhos de cultivos desta espécie provem de fontes egípcias, no período de aproximadamente vinte quatro séculos antes de Cristo, esses pesquisadores ainda relatam que a fruta possivelmente seja procedente da Índia, Sudão e dos desertos do Irã, onde já era conhecida na era cristã e que trezentos anos mais tarde se encontraria difundida pela Itália

Na literatura há descrições de que o melão já havia sido introduzido na Ásia há tempos enquanto que na China essa cultura foi inserida, provavelmente, pela região do Oeste da Cordilheira do Himalaia, no início da era cristã. A difusão da fruta teria se dado, dessa forma pela região do mar mediterrâneo, de maneira lenta, talvez pela qualidade inferior dos frutos que eram produzidos e consumidos.

Estudos isozímicos e de hibridação sugerem que todas essas formas pertencem na realidade a uma única espécie, pelo menos em condições experimentais de cultivo, segundo Bates et al. (1990) citado por Nuez et al. (1996). Tal fator tem levado a se pensar que as áreas tropicais e subtropicais da África e da Ásia sejam as mais prováveis regiões de origem do melão.

3.2. Classificação Botânica

O gênero *Cucumis* foi estabelecido por Linneo, em "*Species Plantarum*" (1753) e em "*General Plantarum*" (1754). Linneo incluiu os melões na espécie *Cucumis Melo*, junto a outras seis espécies em conformidade, inicialmente, com esse novo gênero. Atualmente no gênero *Cucumis* integram-se aproximadamente 30 espécies, cuja espécie de melão cultivada é a *Cucumis mello* L.

A classificação mais usada é de Naudin, citado por Whitaker e Davis (1962) e dividiu-se a espécie em diversas variedades botânicas, onde entrou em choque com a classificação de Mallick e Masui (1986).

Classe: *Dycotyledoneae*
Subclasse: *Dillenniidae*
Superordem: *Violanae*
Ordem: *Cucurbitales*
Família: *Curcubitaceae*
Tribo: *Melothrieae*
Gênero: *Cucumis*
Sub-gênero: *Melo*
Espécies: *Cucumis melo*

O meloeiro é uma planta anual e que obedece à seguinte classificação botânica:

3.3. Classificação de Mallick & Masui (1986)

O melão pertence ao gênero *Cucumis*, a espécie *Cucumis melo* L., a família botânica das *Cucurbitáceas*, na qual Mallick e Masui (1986) relacionaram 40 variedades botânicas, sugerindo que pode haver duplicação de nomes. Destacam-se as variedades *Cucumis melo* var. Callosus, *Cucumis melo* var. Acidulus, *Cucumis melo* var. Cantalupensis, e *Cucumis melo* var. Reticulatus, onde incluem vários tipos de menor importância botânica.

Além dessa classificação de Mallick e Masui (1986), também existe a classificação de Naudin que é muito aceita entre os pesquisadores (Tabela 9).

3.4. Classificação de Naudin

Naudin, citado por Whitaker e Davis (1962) dividiu a espécie em diversas variedades botânicas (Tabela 9) e afirma que o melão possui sete variedades, das quais apenas três têm importância econômica:

Classificação de Naudin, citado por Whitaker & Davis (1962)

Inodorus - Valenciano: variedades do cultivares Valenciano Amarelo. É uma cultivar de polinização aberta, com expressão sexual andromonoica (portadoras de órgão masculinos e hermafroditas), de hastes longas e vigorosas e folhas grandes. Apresentam frutos globulares alongados, casca fina com rugas longitudinais e coloração amarela. A polpa é esbranquiçada e espessa, sem odor e possui grande quantidade de sementes, além de apresentar características precoces e ótima resistência ao manuseio, transporte e conservação pós- colheita, porém ainda são frutos não climatérico. Pesa em torno de l.5 a 2.5 kg.

Cantalupensis - *Cantalupensis:* os cantalupos americanos de casca rendilhada e coloração amarelo palha. A polpa é espessa, textura fina, doce e coloração amarelo - salmão. Possuem brix mais elevado que os frutos de var. *Inodorus*, quando maduros os frutos saltam facilmente do pedúnculo e possuem pequena capacidade de conservação pós-colheita. A Colheita em torno de 68 a 75.

Reticulares - *Reticulatus*: são plantas de expressão sexual andromonoica, tolerante a raça de Oídio I, possui ciclo muito precoce, cuja colheita ocorre de 60 a 70 dias após o plantio. Os frutos são globulares, casca de coloração amarelo-palha, rendilhada e aroma marcante, peso médio de I.0 a I.5 kg. O pólen é esverdeado, espessura e com cavidade interna pequena. Apresentam baixa resistência ao transporte e conservação pós-colheita. Excelente cultivares para comercialização.

3.5. Morfologia

A planta do meloeiro tem um sistema radicular abundante e ramificado, de crescimento rápido e caule com folhas e hastes grandes e vigorosas. O fruto típico desta *Cucurbitaceae* é um peponídeo de casca resistente e semelhante à baga que se desenvolveu a partir do ovário ínfero. Sua parede é constituída pelo pericarpo e tecidos extracarpilares, sem linha divisória entre eles, e é maciça, de estrutura heterogênea.

Abaixo da epiderme externa há uma camada de colênquima, seguida por uma de parênquima, onde pode haver cloroplastos. A terceira região consiste de parênquima carnoso, seguido de outra camada de parênquima suculento.

A polpa comestível é derivada do pericarpo e o fruto do meloeiro pode sofrer variações na forma, na cor, no tamanho e peso. A casca pode ser lisa, enrugada do tipo "rede" ou com saliências longitudinais e, no seu interior podem existir de 200 a 600 sementes, onde sua capacidade germinativa quando bem conservada chega até cinco anos.

A grande diversidade de espécie torna difícil descrever a morfologia das *curcubitaceas* em geral, e em particular o meloeiro, por esse motivo abordam-se os aspectos de maior interesse agrícola.

3.6. Tipos

3.6.1. Tipo Amarelo

Cucumis melo var. *inodorus* Naudin; este melão, na foto abaixo, é do tipo valenciano, variedade a qual pertence o cultivar *Valenciano Amarelo,* o mais difundido no Brasil. Ele possui vigor médio e alta uniformidade quando cultivado dentro de estufa e campo. Em relação ao teor de sólidos solúveis totais, o valor atinge aproximadamente 10%.

FOTO - VALENCIANO AMARELO

Apesar de possuir características precoces, para o cultivo adequado se faz necessário um maior número de estudos que envolvam o manejo cultural e a pesquisa de cultivares que melhor se adaptam a determinadas regiões. Estudos realizados por Araújo e Guerra (1995), em estufa com as cultivares *Eldorado 300, Amarelo CAC e AF-522*, comprovaram a necessidade de maiores pesquisas acerca do referido tema.

3.6.2.Tipo "Pele de Sapo"

Cucumis melo var. *inodorus* Naudin; este melão, na foto abaixo, possui a casca verde, variedade a qual pertence o cultivar *Piel del Sapo*, cultivar de polinização aberta, com expressão sexual andromonóica (portadoras de órgão masculinos e hermafroditas), de hastes longas e vigorosas e folhas grandes. Apresenta frutos globulares alongados, com casca de média rugosidade e coloração variante de verde claro a verde escuro com pintas amarelas. A polpa é branca verdosa e espessa, sem odor e possui grande quantidade de sementes.

FOTO - PELE DE SAPO

Esse cultivar possui médio vigor e uma tendência de alta uniformidade e apresenta características precoces, com ótima resistência ao manuseio, transporte e conservação pós- colheita.

Os seus frutos são do tipo não- climatérico, ou seja, não amadurecem após a colheita. O peso varia de 1.2 a 2.0 kg e os teores de açúcares chegam a aproximadamente 11%.

3.6.3.Tipo Cantalupos

Cucumis Melo var. *Cantalupensis* Naudin; são os verdadeiros *Cantalupos Americanos,* na foto abaixo, tem casca rendilhada e coloração amarelo palha. A polpa é espessa com textura fina, de sabor doce e tonalidade amarelo salmão. O teor de açúcar é mais elevado do que em outros cultivares de melão e, quando maduros, os frutos desprendem-se facilmente do pedúnculo. Entretanto, este tipo de cultivar não possui boa capacidade de conservação pós- colheita.

FOTO - CANTALUPO AMERICANO

O peso médio desta espécie varia em torno de 800g a 1.5 kg. O melão do tipo *Cantalupo* possui forma globosa e casca da cor verde claro, embora às vezes possa atingir a coloração branca. Os frutos possuem teores de sólidos solúveis em torno de 13%, além de precocidade, vigor e uniformidade média.

3.6.4. Melão Rendilhado

Cucumis melo var. *reticulares* Naudin: são plantas de expressão sexual andromonóica, tolerantes à raça de Oídio I. Esse tipo de cultivar, na foto abaixo,

31

possui um ciclo precoce que ocorre de 60 a 70 dias após o plantio.

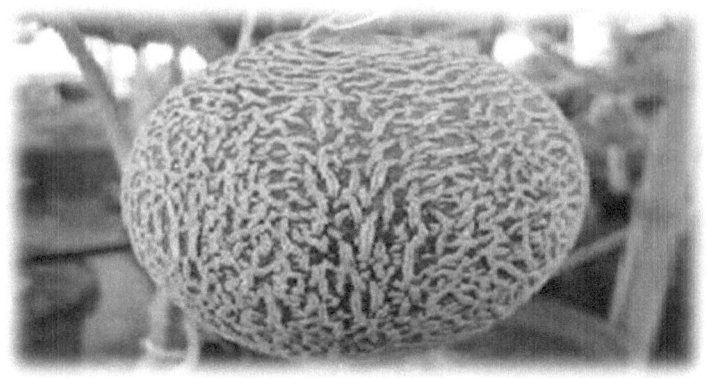

FOTO - RENDILHADO

Melões do tipo *Rendilhado* embora sejam excelentes cultivares para comercialização, apresentam baixa resistência ao transporte e conservação pós-colheita. Em ambientes protegidos por estufa e casas de embalagem, a produção desta espécie aumenta consideravelmente. As principais cultivares é a *Bonus II, Earls Favourite (Arus), Galia, Sunrise, Louis e Nero*, entre outros.

3.6.5.Híbridos

Atualmente existem híbridos que apresentam características diferentes dos citados anteriormente como, por exemplo, o *Orange Fresh,* na foto abaixo, e o *Prince.* São melões com excelentes padrões visuais e alcançam altos teores de sólidos solúveis totais.

FOTO

FOTO – MELÃO HIBRIDO

O melão *Prince* é um híbrido que possui hastes longas e vigorosas, frutos redondos, casca lisa e folhas grandes, atingindo uma coloração que varia de cinza à esverdeada. A polpa desta espécie é de tonalidade salmão e textura espessa, com odor característico. O melão *Prince* é precoce e a sua fruta apresenta vigor médio, alta uniformidade e teor de sólidos solúveis totais de aproximadamente dez por cento. O seu peso varia de 600 a 900 gramas.

4.   SOLOS

O meloeiro pode ser cultivado em diferentes tipos de solo, desde que este possua boa aeração e capacidade de retenção de água, alta fertilidade, permita o bom desenvolvimento radicular e não seja infestado por fungos e nematoides. Por outro lado, fatores como alta umidade do solo e do ar e a acidez do terreno não são consideradas características adequadas para o plantio de melão. A fruta em questão é a mais exigente, entre as *Cucurbitácias*, no que concerne a estes aspetos químicos do solo.

4.1. Escolha da área

A escolha de uma área inadequada, para o cultivo do melão, pode constituir-se em um dos principais fatores que influenciam na degradação do solo. Embora a planta do meloeiro ofereça boa proteção do solo (em virtude da arquitetura) e alta densidade populacional no plantio, para a produção dessa frutífera torna-se necessária a eliminação das plantas daninhas nos primeiros dias após a germinação.

Os principais fatores a serem levados em consideração na escolha da área: o relevo do terreno; o estado atual da superfície e a profundidade do solo; estrutura de drenagem e textura adequadas e o nível de fertilidade do solo (observado através da análise da matéria orgânica presente no terreno).

Além disso, é importante estar atento aos níveis adequados de calor e umidade na região do sistema radicular do meloeiro, principalmente em regiões suscetíveis aos ventos frios e geadas e com baixo nível de insolação, ou seja, menos de 3.000 horas de sol/ano.

4.2. Manejo e conservação do solo

Métodos inadequados de manejo e conservação contribuem para a degradação das características físicas, químicas e biológicas do solo, afetando a produtividade do melão e outras culturas que venham a ser cultivadas.

A compactação também é uma das consequências negativas do solo e, com objetivo de evitar esta e outras características que inviabilizem o teor produtivo do terreno, se faz necessária a realização de uma aração e gradagem e, até uma subsolagem. Dessa forma, verifica-se também o nível de sal presente no solo.

4.3. Análises de solos

As amostras de solos devem representar fielmente a área do ambiente no campo. Para isso, recomenda-se o recolhimento de materiais em vários pontos distintos espalhados no campo.

A coleta dos dados, feita desta forma, dará suporte para a formulação de uma amostra composta e que retrate a situação do solo em questão. Neste processo, em cada local onde irá ser construído os sulcos para plantio definitivo, retira-se uma subamostra com profundidade de 0 a 20 centímetros, para o recolhimento de dados que venham a apontar adubação e calagem adequadas, e de 20 a 40 centímetros, para diagnosticar possíveis deficiências ou excessos de substâncias como o cálcio e o alumínio.

4.4. Calagem

A calagem consiste na aplicação do calcário no solo. O principal objetivo desta prática é a correção da acidez da área para que possa ser realizado um melhor aproveitamento dos nutrientes presentes no terreno. Além de neutralizar elementos tóxicos, como o alumínio e o manganês, o processo de calagem auxilia no fornecimento de cálcio e magnésio, fontes que impulsionam o desenvolvimento da planta e fornecem maior consistência aos frutos.

Na análise do solo, a acidez do terreno é obtida através do resultado do índice de pH na área. Neste contexto, o valor recomendado, para o cultivo adequado do melão, deve constar entre 6,4 e 7,2 (abaixo deste índice recomenda-se a aplicação de calcário). Caso seja necessária a aplicação de calcário no terreno deve-se verificar os seguintes fatores: a elevação da saturação por bases a 80% e o teor de magnésio do solo para, no mínimo, 8 mmolc/dm^3, ou, a elevação o pH da área até a faixa ideal de 6,4 a 7,2, como supracitado, para o cultivo adequado do meloeiro.

O calcário mais recomendado é o dolomítico, além da presença satisfatória do cálcio, este tipo de calcário possui também uma maior percentagem de magnésio. Aliado a isto, soma-se o preço acessível e a disponibilidade comercial no mercado, onde é facilmente encontrado. Por outro lado, um espeto negativo no dolomítico é que a aplicação da substância deve ser realizada com antecedência de, no mínimo, dois meses antes do plantio. Tal aspeto é consequência da necessidade de uma incorporação satisfatória, do calcário no solo, para que a mistura aplicada na terra possa ser suficiente. É importante destacar também, que grandes quantidades do calcário dolomítico, valores que permeiam doses superiores a 3 kg/m^2, não devem ser colocadas no solo.

4.5. Salinidade

A salinização, presentes nos campos, é provocada pelo enriquecimento de sais oriundos de adubos aplicados no interior da área de cultivo. Tais substâncias quando não absorvidas pela planta ou lixiviadas pelo solo, acumulam-se na terra usada para o plantio do melão.

Em solos que possuem altos teores salinos, as plantas sofrem em demasia com o déficit hídrico, ocasionado pela diminuição do potencial osmótico da solução presente no terreno. Por conseguinte, as espécies cultivadas nesta área não conseguem absorver a água que seria facilmente absorvida em circunstâncias normais pelas mesmas espécies. Nestes casos de salinização do solo recomenda-se a prática de uma irrigação pesada, ou seja, o conhecido processo de lavagem do solo.

5.   ADUBAÇÃO

Existem diversas técnicas que permitem aos produtores de melões avaliarem a necessidade de adubos, tais como as análises de solos e foliares, a fim de conhecer o comportamento da exportação de nutrientes nas colheitas e sintomas de deficiência de substâncias na planta.

Existem vantagens e desvantagens no que se refere ao método supracitado. O ideal, portanto, é basear-se por dois ou mais artifícios para se chegar ao diagnóstico do estado nutricional do meloeiro.

A recomendação para a adubação no cultivo do meloeiro é bastante diversificada. As variações de quantidades e épocas de aplicação devem ser respeitadas nas diferentes regiões para as quais serão realizadas, tendo em vista que a fertilidade dos solos e as condições climáticas variam bastante de um local para o outro.

5.1. Adubação de plantio

A adubação do meloeiro deve ser realizada mediante análise química do solo, assim o produtor utilizará o adubo ou a mistura mais indicada, usando-a na quantidade certa, na época exata. Quanto se planeja utilizar a adubação no solo segue-se os seguintes passos:

1. *Adubação básica por ocasião do plantio;*
2. *Adubações em cobertura.*

A primeira adubação deve ser introduzida de acordo com a realização da semeadura ou transplante das mudas, lembrando que o adubo não deverá entrar em contato com as mudas durante o transplante. Em solos que sejam necessárias altas doses de esterco de curral, em torno de 1,5 Kg/cova, o esterco deve ser de preferência bem curtido, pois a adubação orgânica auxilia na melhoria da estrutura do solo e eleva a umidade do solo na área.

A calagem, assim como a adubação orgânica, deve ser realizada no período de sessenta a noventa dias de antecedência do transplante das mudas. Esse intervalo se faz necessário para facilitar a incorporação do calcário e a decomposição da matéria orgânica.

5.2. Adubação de cobertura

A quantidade de adubo será realizada de acordo com as recomendações das análises químicas do solo e foliar. Caso existam sintomas visuais de excesso, ou deficiência de algum tipo de nutriente, deve-se inicializar imediatamente o processo de análises químicas das folhas.

5.3. Adubação foliar

A adubação foliar, quando bem realizada, é um recurso indispensável, principalmente quando se leva em consideração o fato do meloeiro responder satisfatoriamente a essa técnica. Para a obtenção de resultados significativos recomenda-se, neste caso, a realização do procedimento no período que se estende do 15° dia de nascença da planta até o momento da floração.

Em solos de características arenosas e pobres, deve-se realizar a aplicação da substância molibdato de amônio ou de sódio (num valor aproximado de 20 g/100 litros de água), em três pulverizações. Quando chegar a fase das duas folhas verdadeiras, na formação da primeira rama, deve-se colocar também o Borax (0,05 g/100 litros de água) logo após o aparecimento da primeira flor feminina.

5.4. Adubação e qualidade dos frutos

As características organoléticas dependem diretamente da disponibilidade hídrica, da adubação, do solo e do clima. Diversos estudos demonstram como o tamanho dos frutos está estritamente relacionado com a produtividade da planta.

Pesquisas da EMBRAPA revelam que os maiores valores de potássio foram encontrados na parte do caule e ramos da planta e que o nível da substância decresce em tendência linear proporcional à idade da planta, portanto, as exigências biológicas de potássio atingem o pico na fase inicial de crescimento do órgão e auxiliam no teor de açúcar dos frutos. De acordo com estudos da também da EMBRAPA afirmam segue uma linha de raciocínio no tocante as deficiências nutricionais:

- Nitrogênio (N)

Clorose generalizada e hábito estiolado são os sintomas mais característicos, sendo mais visíveis nas partes mais velhas da planta, pois esse nutriente se move com facilidade. O crescimento é menor e mais lento, as plantas apresentam-se pouco viçosas. O fruto, geralmente, é bem colorido.

- Fósforo (P)

Folhagem verde-escura ou azul-esverdeada é um dos primeiros sintomas de deficiência de desse nutriente. Frequentemente desenvolvem-se pigmentos vermelhos, purpúreos e marrons nas folhas, especialmente ao longo das nervuras. O crescimento é reduzido e sob condições de deficiência severa, as plantas tornam-se enfezadas.

- Potássio (K)

As folhas apresentam-se verde-escuras ou azul-esverdeadas, como na deficiência de P. Pequenas manchas de tecido morto (necróticas) se desenvolvem nas folhas, podendo haver também necrose marginal ou murchamento. O crescimento é reduzido e, sob deficiência severa, gemas laterais e terminais podem morrer ("seca").

- Cálcio (Ca)

Os sintomas aparecem mais cedo e mais severamente nas regiões meristemáticas e em folhas jovens, pois esse nutriente move-se pouco dentro da planta. O crescimento das raízes é severamente afetado e aquelas danificadas tornam-se predispostas à infeção por bactérias e fungos. A sua deficiência também acarreta o aparecimento da transparência da polpa e na evolução da firmeza do melão, parâmetros de qualidade fundamentais. A transparência caracteriza-se pelo aspecto vítreo que algumas zonas da polpa do fruto adquirem durante sua maturação, especialmente em algumas variedades como os melões Cantalupos. Em caso de deficiência acentuada, pode aparecer a podridão apical do fruto ou "Blossom-end-rot".

- Magnésio (Mg)

Diferente do Ca, esse nutriente é rapidamente transportado das partes mais velhas para as mais jovens da planta (brotos e folhas novas), com crescimento ativo. Como resultado, os sintomas de deficiência aparecem primeiro nas folhas maduras. Clorose marginal é comum, frequentemente acompanhada pelo desenvolvimento de uma variedade de pigmentos. A clorose também pode começar em fragmentos ou manchas irregulares que mais tarde fundem-se e se espalham até as margens e pontas das folhas.

- Enxofre (S)

Geralmente, os sintomas da deficiência de S são confundidos com os da deficiência de N, provavelmente por esses dois nutrientes serem constituintes de proteínas. No entanto, a deficiência de S aparece inicialmente nas folhas mais jovens, porque este elemento não se redistribui na planta, devido a sua baixa mobilidade no floema.

- Boro (B)

As gemas apicais são frequentemente danificadas pela deficiência de B podendo ocasionar sua morte. Os tecidos do caule apresentam-se duros, secos e quebradiços. As folhas podem se tornar distorcidas e o caule, áspero e fendido, frequentemente com saliências corticentes e/ou manchas. O florescimento é severamente afetado. Se o fruto se forma, frequentemente apresentam sintomas similares aos encontrados nos caules. O crescimento radicular é reduzido e a ocorrência de infeções por fungos e bactérias são uma consequência secundária da deficiência desse nutriente, tanto na raiz quanto na parte aérea.

- Zinco (Zn)

As folhas tornam-se cloróticas, podem tornar-se necróticas ou, ainda, apresentam-se pequenas e torcidas. O florescimento e a frutificação são muito reduzidos sob condições de severa deficiência e a planta pode ficar enfezada e disforme.

- Cobre (Cu)

As folhas podem ficar cloróticas ou de coloração azul-esverdeada escura, com margens enroladas para cima. O florescimento e a frutificação são reduzidos.

- Molibdênio (Mo)

Clorose internerval, sendo que as nervuras permanecem verdes claras, dando um aspecto mosqueado. As margens das folhas tendem a torcer e enrolar e, em casos de deficiência severa, a planta inteira tem seu desenvolvimento retardado.

- Amostragem de solo para avaliação de fertilidade

Quando as plantas recebem suprimento de N na forma de amônio, têm menor exigência em Mo do que quando a fonte utilizada é o nitrato, porque esse elemento atua como cofator da redutase de nitrato, enzima requerida para a assimilação do nitrato (Embraga, 2014). O estudo ainda afirma que, se a fonte for o sulfato de amônio, o íon sulfato em excesso pode competir com o íon molibdato, causando deficiência de Mo. A avaliação da disponibilidade de nutrientes no solo é feita, em geral, com base na análise de sua fertilidade. Para se avaliar a fertilidade do solo, deve-se, inicialmente, fazer a análise química em laboratório, onde é determinado o valor do pH, os teores dos principais nutrientes exigidos pelas plantas e os dos elementos que são tóxicos (alumínio e sódio).

Essas informações são importantes para que se possa fazer uma adubação adequada, verificar a necessidade de calagem e detetar problemas de salinidade.

As áreas a serem amostradas possuem, muitas vezes, grandes extensões e, somando-se a isso, a heterogeneidade horizontal e vertical, naturais do solo, faz com que critérios científicos necessitem ser seguidos com o maior rigor possível. Por isso, apesar de parecer simples, a coleta de amostras de solo exige conhecimento e deve ser realizada por técnico devidamente orientado. Por essa razão, para que a análise do solo represente fielmente as suas condições é necessário que se faça uma amostragem muito bem feita da área, procedendo-se da seguinte forma:

- Inicialmente, divide-se a área da propriedade em subáreas homogêneas de, no máximo, 210 m de largura e 210 m de comprimento, considerando-se a topografia (baixada, plana, encosta ou topo), a vegetação ou cultura, o tipo de solo quanto à cor (amarelo, vermelho, cinza ou preto), textura (argilosa, média ou arenosa), drenagem, ao grau de erosão e, finalmente, ao uso (virgem ou cultivado, adubado ou não).

- Para cada subárea homogênea, coletar em forma de ziguezague, no mínimo, 5 amostras simples a uma profundidade de até 20 cm, colocando a terra numa vasilha (balde plástico) limpa. Misturar toda a terra coletada e, da mistura, retirar uma amostra composta com aproximadamente 0,5 kg de solo e colocá-la num saco plástico limpo ou numa caixinha de papelão. Identificar essa amostra e enviá-la para um laboratório.

- Recomenda-se fazer a amostragem do solo 3 meses antes do plantio e repeti-la uma vez a cada 2 anos, no mínimo.

- Não coletar amostras em locais de formigueiro, monturo, coivara ou próximos a curral, estrada e veredas. Antes da coleta, limpar a superfície do terreno, caso haja mato ou resto vegetal. As amostras podem ser coletadas com trado, com cano galvanizado de três quartos ou de 1 polegada. **PLANTIO EM ESTUFA**

6.1. Estufa

A montagem da estufa, estufa ou similares, deve ser planejada com antecedência para que se possa chegar ao máximo da vida útil da planta e o mínimo de manutenção do espaço. A estufa fornece abrigo às plantas, amparando-as contra inúmeros fatores climáticos adversos como a chuva, o vento, o granizo, a geada, o excesso de sol, de frio, de calor e de luminosidade, além de oferecer melhores condições para o controle de pragas e doenças.

A estrutura da estufa pode ser de diferentes materiais como madeira, aço e ferro, onde a cobertura deve ser construída com filmes especiais de polietileno e as laterais de polietileno ou sombrite. A escolha do material varia de produtor para produtor e o profissional deve escolher aquele que seja mais conveniente, ou seja, o de acesso mais fácil na região.

Em relação a localização da estufa recomenda-se a construção de estufa em terrenos limpos, planos, bem drenados e ventilados. A relação do material necessário para confecção de uma estufa com 350 m^2 está apresentado na Tabela abaixo.

Tabela 11– Material para construção de estufa 7,0 x 50 m.

Referência	Quantidade	Materiais
01	26 peças	Arco 7,0 m largura com garfos
02	59 barras	Tubo de travas
03	168 peças	Presilhas
04	59 peças	União de 7/8
05	14 peças	T final
06	14 peças	Abraçadeiras ¾
07	3 maços	Pregos
08	3 rolos	Arame N☐ 16
09	55	Parafusos 3/8 x 4"
10	52	Parafusos 3/8 x 4. ½
11	70	Parafusos ¼ x 2"
12	680 m2 – 01300+70	Lona de filme 4x100x0,10
13	140m2 – 19 m linear	Lona de filme 6x100x0,10
14	55 peças	Estacas 3 m de altura – Pé direito
15	38 peças	Sarrafos 4 m
13	38 peças	Ripas

6.2. Construção e cobertura

Na estufa diversos fatores influenciam no processo de cultivo do melão, entre os aspectos fundamentais podemos citar a espessura da película de polietileno, a irrigação adequada, o grau certo de

50

luminosidade, a drenagem satisfatória, além da preocupação com a incidência do vento e poeira e a orientação da estufa.

Com relação à primeira característica podemos destacar a relação inversamente proporcional da durabilidade x espessura da película de polietileno. Portanto, quanto maior a espessura do filme, menor o período de vida útil.

Outro aspecto que merece destaque é o que diz respeito ao acúmulo de poeira na região, caso isso ocorra em determinada região, a estufa pode entrar em um processo de redução acentuada da luminosidade, tornando-a opaca. Esse fator torna-se negativo em relação ao plantio, visto que o cultivo do meloeiro requer elevada luminosidade.

Dessa forma, deve-se pensar a construção da estufa (Tabela acima) longe de estradas vicinais, pois esse tipo de estrada viabiliza o acúmulo de poeira nas películas de polietileno.

Sabe-se que a estufa deve ser montada em uma localidade que favoreça à direção dos ventos dominantes, como forma de evitar abalos nas estruturas e o desgaste prematuro do plástico. O produtor deve optar por lugares distantes de árvores, instalações

51

elétricas ou construções, pois os sombreamentos produzidos por essas estruturas prejudicam a estufa, reduzindo a luminosidade e auxiliando na elevação da temperatura interna.

6.3. Reparos

Os reparos nas estufa devem ser realizados rotineiramente de modo a elevar o período de vida útil dos materiais usados na construção dela. Em áreas que possuam condições climáticas com temperaturas médias de 20°C a 25°C é aconselhável fazer, em algumas épocas do ano, o sistema de nebulização para reduzir a temperatura interna da estufa, pois, temperaturas acima de 40°C não são recomendadas para o plantio do meloeiro.

- VANTAGENS E DESVANTAGENS DO CULTIVO EM ESTUFA.

6.3.1. Vantagens:

- *Proteção contra a chuva;*
- *Proteção contra o frio.*

- Proteção contra chuva

- *Reduz incidência de doenças;*
- *Melhor aproveitamento no uso dos defensivos;*
- *Maior controle da irrigação;*
- *Melhor aproveitamento da mão de obra;*
- *Melhor eficiência na aplicação dos fertilizantes.*

- Proteção contra o frio

- *Aumento da temperatura interna;*
- *Proteção contra geadas.*

- Resultado do cultivo em Estufa

- *Realização de colheitas o ano todo;*
- *Economia de insumos;*
- *Racionalização de água;*
- *Preservação da estrutura do solo;*
- *Plantio de cultivares adaptáveis às estufa;*
- *Auxilia no controle e aumento da produção;*
- *Precocidade das colheitas;*

- *Facilitação do raleio e da classificação dos frutos;*
- *Diminuição do índice de defeitos nos frutos.*

6.3.2. Desvantagens

- *Custo elevado de implantação/construção;*
- *Necessidade de mão de obra especializada.*

6.4. MANEJO NA ESTUFA

O meloeiro é uma planta de clima quente e seco, no qual a temperatura ideal para o desenvolvimento adequado varia de 25°C a 32°C durante o ciclo de vida. As temperaturas abaixo de 2°C prejudicam a abertura das flores, os estabelecimentos dos frutos ficam comprometidos (defeitos e distúrbios fisiológicos), enquanto, as temperaturas acima de 42°C causam a desidratação da planta.

Segundo as constatações de estudiosos, a plasticultura vem a ser considerada, em nível mundial, como a mais recente e importante conquista para a agricultura nos últimos anos (Araújo e Castellane, 1991), pois essa técnica permite o aumento da produção a plantios que já haviam esgotado as tentativas convencionais de obter incrementos no cultivo.

Por fim, o emprego da plasticultura permite

produções altamente significativas, tanto no período de safra quanto no intervalo de entressafra, principalmente quando esse processo envolve a fertilização adequada, irrigação equilibrada, sementes geneticamente melhoradas e tratos culturais realizados nos períodos corretos no interior da estufa.

6.5. Luminosidade

A quantidade de radiação luminosa que penetra no interior da estufa depende do poder de dispersão do material presente no teto e dos fluxos luminosos que:

6.5.1. *Atingem o teto;*

6.5.2. *São refletidos para o exterior da estufa;*

6.5.3. *São absorvidos pelo material presente no teto;*

6.5.4. *São absorvidos pelo solo;*

6.5.5. *São refletidos pelo solo;*

6.5.6. *Atingem o interior do teto (Cermeño, 1985).*

Percebe-se que as técnicas e materiais utilizados em ambientes protegidos devem ser bem pensados e planejados, visto que a infraestrutura para construção de uma estufa possui preço elevado. Um simples manejo inadequado do sistema diminui o tempo de vida útil de todos os objetos implementados no processo.

6.6. Temperatura

6.6.1. Temperatura do solo

O meloeiro revela-se menos exigente, no aspecto umidade do solo, do que *curcubitáceas* como abóbora e pepino. Ainda assim, em temperaturas do solo abaixo de 8°C, aliadas à temperaturas do ar por volta dos 12°C, provocam a paralisação do crescimento e desenvolvimento da cultura do meloeiro.

6.6.2. Temperatura do ar

Para a obtenção de bons frutos a temperatura média ideal do ar no interior da estufa deve variar de 25°C a 32°C. Entre as culturas produzidas em estufa, o meloeiro é a que necessita de temperaturas mais elevados.

Trabalhos realizados pelos pesquisadores Guerra & Araújo (1998), no município de Jaboticabal-SP, evidenciaram que as temperaturas adequadas para o desenvolvimento na região variam de 25°C a 32°C, no interior da estufa.

Temperaturas do ar que variam entre 12°C e 15°C diminuem acentuadamente as atividades metabólicas da planta, chegando inclusive a parar o crescimento e desenvolvimento. Embora após um período de inatividade a planta possa vir a se recuperar, a produção no plantio ficará profundamente comprometida. Por outro lado, temperaturas do ar em torno de 45°C comprometem totalmente a germinação da semente e inicia-se o processo de desidratação da planta.

Na fase do florescimento a temperatura média deve variar de 20°C a 23°C. Temperaturas nesse intervalo favorecem a polinização pelos insetos polinizadores, especialmente as abelhas.

Trabalhos realizados por Zapata et al. (1989) relatam que temperaturas noturnas de 20°C e diurnas de 25°C induzem a emissão de flores hermafroditas.

6.7. Solarização do solo

A solarização consiste em aumentar a temperatura à níveis elevadíssimos e tem como finalidade o controle de fitopatógenos e plantas daninhas, ocasionando a desinfeção do terreno. Sobre isso, um levantamento deve ser feito anteriormente à aplicação para saber se a utilização desta prática é realmente necessária, visto que essa técnica aumenta o custo da produção e pode tornar-se inadequada em regiões com incidência solar elevada.

A solarização do solo é dispensável na medida em que são utilizados filmes de polietilenos que permitem a passagem da luminosidade, como o tipo térmico difusor. Esse tipo de polietileno favorece o aumento da temperatura e da umidade relativa do ar. Umidade Relativa do ar

A umidade do ar é diagnosticada por meio de higrômetros ou termo-higrômetros. Os dados devem ser monitorados diariamente e observados nas fases de desenvolvimento da cultura.

6.8. Vento

Na construção das estruturas da estufa, o planejamento antecipado da localidade evita que ventos fortes, com velocidades acima de 0,83 m/s, diminuam a vida útil dos materiais usados. Tal ação pode provocar a queda da estrutura da estufa e a derrubada das plantas. Quanto a este último, torna-se primordial a colocação de tutores.

6.9. Anidrido carbônico

O anidrido carbônico é importante em condições de estufa. A concentração dessa substância na atmosfera é alta, em torno de 300 mg/L, e pode ser monitorada com o manejo das laterais das estufa.

7.   MANEJO DE CULTIVO NO CAMPO

7.1. Formação de mudas

O melão pode ser plantado no viveiro, e depois realizar o transplante, ou diretamente no campo. Já as mudas podem ser colocadas em bandejas de isopor ou tubetes.

Para plantio em bandejas são necessários cerca de 150g de sementes/1.000 m^2 enquanto no cultivo realizado diretamente no solo gasta-se cerca de 400g de sementes/1.000 m^2. É de fundamental importância, no processo de cultivo direto no solo ou estufa, a escolha de sementes idôneas e sadias, com variedades adaptadas para a produção em estufa e livres de pragas e doenças.

Em caso de plantio em bandejas o substrato a ser utilizado nas mudas deve ser esterilizado. Caso o produtor opte pela palha de arroz deve-se adicionar vermiculita para a obtenção de uma adubação química ideal. Para a produção de cerca de 1.500 mudas são necessários 60 litros de substrato, que é suficiente para preencher 13 bandejas de isopor. Em cada célula da bandeja de isopor ou tubetes, deve-se colocar uma semente.

Quanto à irrigação das mudas, esta pode ser realizada de uma a duas vezes por dia, a depender do monitoramento da temperatura no interior da estufa. O processo pode ser realizado através de nebulizadores, aspersores ou gotejos.

Observação: deve-se ter o cuidado para que não ocorra o encharcamento do substrato e a posterior elevação do nível de umidade do ambiente. O lixiviamento da água e dos nutrientes contribui para o aparecimento de patógenos. Espaçamento

O espaçamento é bastante variável, pois depende do tipo de solo, de cultivar usada e da exigência do mercado em que vai ser direcionado o fruto.

Quando a produção visa um mercado onde se deseja frutos menores são utilizados plantios mais adensados, enquanto, em comércios com preferência para frutos maiores o espaçamento é maior (exemplos desse último caso são os melões dos tipos *Amarelo* e *Pele de Sapo*).

As recomendações para os diferentes espaçamentos, que tem por objetivo fornecer aos produtores maiores subsídios para uma boa produção em estufa são apresentados na Tabela abaixo.

Tabela – Diferentes espaçamentos para plantio em estufa.

Entre plantas	Entre linhas	Entre linhas duplas
0,30	0,70	0,80
0,40	0,80	0,90
0,50	0,90	1,00
0,60	1,00	1,10
0,70	1,10	1,20

7.2. Plantio

O plantio mais recomendado para produção do meloeiro em estufa é realizado em canteiros, com duplas linhas e uma planta por cova, usando o espaçamento escolhido de acordo com as recomendações da análise química do solo e o cultivar que melhor representa o mercado consumidor da região. Os canteiros podem ser feitos com enxadas ou com o auxílio de máquinas, a altura deve estar em torno de 10 a 20 centímetros, a largura de 1.0 a 1.10 metros e o comprimento, dividido em partes iguais, vai ser construído de acordo com o tamanho da estufa.

- Recomendações de plantio.

1. *A meia altura dos camalhões abre-se os furos com a plantadeira;*
2. *Em cada cova introduz-se uma muda de meloeiro;*
3. *Enterre-a para que fiquem alguns centímetros*

abaixo do solo;

4. *Comprima bem a terra contra as raízes;*

5. *Terminado o plantio rega-se com 2 litros de água/planta.*

7.3. Transplante

Consiste na passagem das mudas do recipiente plástico para o local definitivo. O transplante deve ser realizado quando as mudas apresentarem de três a quatro folhas definitivas, o que ocorre aproximadamente de 20 a 25 dias após a germinação das sementes nas bandejas. Aconselha-se uma irrigação nas bandejas para que as mudas se desprendam facilmente do recipiente. Após isso, deve-se retirar as mudas com bastante cuidado para não as danificar.

Recomendações que devem ser seguidas:

1. *A melhor hora para o transplante é na parte da tarde, após as 16 horas, devido à condição climática;*

2. *O substrato nas bandejas deve está com umidade suficiente para facilitar a remoção das mudas;*

3. *Colocar as bandejas em uma armação, suporte ou estrato de madeira para facilitar o manuseio;*

4. *Abrir as covas nos canteiros com bastante*

profundidade, usando implementos esterilizados;

5. *Seleção das mudas, eliminando as danificadas por doenças, pragas ou falhas no manejo;*

6. *Retirar as mudas das bandejas transportando o máximo de substrato possível de cada muda;*

7. *Retirar a muda com bastante cuidado, evitando jogar nas covas para não danificar o sistema radicular;*

8. *Firmar o solo cuidadosamente ao redor da planta sem compactá-la excessivamente;*

9. *Irrigar bem as plantas para firmar o solo nas raízes, usando água suficiente para umedecer o solo.*

7.4. Capinas

As capinas consistem em controlar as plantas daninhas que atacam a cultura. O processo pode ser realizado através de diferentes métodos manuais, mecânicos e químicos. Aconselha- se neste caso usar o método em que o produtor tem mais afinidade, pois o melão é extremamente sensível à competição de plantas invasoras.

O controle da capina manual é feito através de enxadas, por isso é bom realizar o processo com cuidado de modo a evitar que a ferramenta cause danos às raízes e hastes das plantas.

Quando usa-se o controle mecânico, que é realizado através de cultivadores motorizados, procura-se evitar o uso do tipo "grade de trator (ou microtrator)" próximo às plantas, visto que isso pode prejudicar o sistema radicular da cultura que se encontra em sua maioria nos primeiros 30 centímetros do solo.

O controle químico através do uso de herbicidas é recomendado quando o produtor conhece o produto ou já esteja acostumado com a prática, pois o processo envolve a utilização de produtos caros e que degradam o meio ambiente. Em caso de desconhecimento torna-se necessária a ajuda de técnicos especializados que possuam propriedades intelectuais à respeito da região e das substâncias a serem aplicadas.

7.5. Amontoa

A amontoa consiste em colocar a terra cobrindo as raízes das plantas. Esta é uma prática benéfica ao crescimento e desenvolvimento do potencial vegetativo do meloeiro, através da melhora do aproveitamento de nutrientes, principalmente o fósforo. No processo, ocorre o aumento da temperatura localizada nas raízes e, consequentemente, a diminuição da umidade no pé da planta.

7.6. Tutoramento e amarrio

O tutoramento consiste na condução do meloeiro em sentido vertical e possui a finalidade de conduzir a postura ereta da planta até o final do ciclo de vida. O processo, em si, consiste em enrolar a planta em uma fita plástica na posição vertical em sentido horário, realizando voltas sempre que o broto terminal estiver sobrando, mas vale ressaltar que caso esta operação seja mal realizada o risco da quebra do broto terminal da planta é alto.

Os tutores utilizados na prática são auxiliados por quatro arames colocados em sentidos horizontais aos 0,30m; 0,80 m; 1,50 m e 2,0 m de altura do solo.

No amarrio pode-se utilizar como tutores materiais como o bambu tratado, a fita de plástico, as redes de arames ou redes agrícolas.

A fita plástica tem a vantagem de ser um material de baixo custo que é encontrado com facilidade em lojas agrícolas e pode ser retirado juntamente com os restos culturais.

7.7. Poda ou capação

A poda ou capação tem o objetivo de antecipar o desenvolvimento dos ramos secundários e terciários, bem como incitar o surgimento de frutos maiores e de melhor qualidade. O processo de diminuição da massa verde do meloeiro facilita o trabalho de operador no interior da estufa.

A prática da poda ou capação na cultura do meloeiro deve ser conduzida com uma ou duas hastes. Dando preferência a uma haste, deve-se retirar todos os brotos existentes entre o 9º e 12º entrenós. Acima do 12º entrenó devem ser deixadas as hastes secundárias até o 14º (é nesse intervalo que irão aparecer as flores hermafroditas).

Ao utilizar duas hastes, processo indicado para o uso dos melões dos tipos *Cantalupo* deve-se seguir os seguintes passos:

1. *Desponta-se o caule principal acima da quarta folha;*

2. *Desponta-se os ramos secundários acima da quarta folha;*

7.8. *Desponta-se os ramos terciários que nascem nas axilas das folhas e que ficaram nos ramos* *filhos localizados acima da quarta folha, a seguir o primeiro fruto.*

7.9. Desbrotas

A planta do melão possui o crescimento e desenvolvimento vegetal acelerado, por isso torna-se necessário realizar o desbrotoamento. O processo consiste na remoção das brotações e ramos laterais, além d a retirada dos brotamentos foliares indesejáveis, ou seja, dos pontos em que existam uma grande quantidade de massa verde.

A desbrota auxilia no aumento do tamanho dos frutos e diminuição do excesso da massa verde que viria a competir com a planta. Essa prática é recomendável para o desenvolvimento das cultivares em estufa, contudo, é imprescindível ressaltar a importância da utilização de instrumentos esterilizados para evitar a transmissão de doenças.

7.10.Florescimento e polinização

A temperatura adquire um papel fundamental no processo de florescimento do meloeiro. Temperaturas noturnas em torno de 20°C e diurnas de aproximadamente 28°C induzem a emissão de flores hermafroditas (Zapata et al, 1989).

Flores masculinas A e B e Hermafroditas C e D, do melão amarelo híbrido.

Quando o plantio em estufa a polinização manual deve ser realizada em casos específicos como o número reduzido de abelhas nas proximidades da estufa. Esse processo consiste na retirada da flor masculina e, em seguida, a aplicação da mesma flor em contato com outra hermafrodita.

A polinização é realizada pelos polinizadores, na foto abaixo, esses insetos, principalmente as abelhas africanizadas (*Apis Melifera*). É importante proteger os insetos polinizadores desde o início do florescimento. Dessa forma, o controle fitossanitário deve ser realizado a partir das horas mais frias do dia, já que esse é o período em que as abelhas se encontram menos ativas.

Polinizadores na flor do meloeiro

Segundo Bauer & Ing (2010), essas abelhas são utilizadas de forma intensiva na polinização de cultivos por apresentarem grande desenvolvimento populacional e habilidade forrageadora, somadas ao desenvolvimento de sistemas de criação e de novos equipamentos. Além disso, Trindade *et al.* (2004) comentam que outra vantagem da utilização das abelhas nos serviços de polinização deve-se ao fato da facilidade de transportá-las e manejá-las no campo, em virtude do conhecimento já existente. Com base nessas informações, algumas propostas de manejo são apresentadas para maximizar os serviços prestados por essas abelhas, tendo em vista a facilidade de adoção e implementação deste procedimento pelos produtores, bem como as necessidades dos sistemas de produção da região.

7.11. Polinização do meloeiro: biologia reprodutiva e manejo

Achei de suma importância um levantamento de pesquisa feito pelo Ministério do Meio Ambiente – MMA e descrevo abaixo os principais itens relevantes a essa pesquisa.

Este material foi produzido pela Rede de Pesquisa dos Polinizadores do Melão – REPMEL como parte do Projeto "Conservação e Manejo dos Polinizadores para a Agricultura Sustentável, através da Abordagem Ecossistêmica". Esse Projeto é apoiado pelo Fundo Global para o Meio ambiente (GEF), sendo implementado em sete países: África do Sul, Brasil, Gana, Índia, Nepal, Paquistão e Quênia. O Projeto é coordenado em nível Global pela Organização das Nações Unidas para a Alimentação e Agricultura (FAO), com apoio do Programa das Nações Unidas para o Meio Ambiente (PNUMA). No Brasil, é coordenado pelo Ministério do Meio Ambiente (MMA), com apoio do Fundo Brasileiro para a Biodiversidade (FUNBIO).

- Vegetação nativa nas proximidades do cultivo

As abelhas-melíferas são insetos sociais e

constroem seus ninhos em ocos de árvores, buscando um local sombreado e protegido. Dessa forma, com a manutenção da vegetação nativa no entorno das áreas agrícolas, criam-se condições para o estabelecimento de ninhos naturais nas proximidades do cultivo que também contribuirão com a polinização, a exemplo do que ocorre na maioria das áreas de plantio de Mossoró (Ribeiro et al, 2012). Além disso, essa vegetação também é fonte complementar de alimento (néctar e pólen) para as abelhas, principalmente quando o cultivo não estiver em floração. Assim, as áreas de manutenção (sequeiro) e preservação (reserva legal) da Caatinga devem ser valorizadas pelos produtores. Além disso, medidas devem ser tomadas no sentido de aumentar essas áreas no entorno dos perímetros irrigados e áreas agrícolas, conforme a legislação vigente (Lei Federal nº 12.651, de 25 de maio de 2012, que dispõe sobre a Proteção da Vegetação Nativa).

A recomposição da vegetação suprimida em APP é obrigatória, ressalvados os usos autorizados previstos na lei mencionada. Todo imóvel rural deve manter área com cobertura

- Plantio escalonado

Para a região de Pernambuco e da Bahia, onde as propriedades tipicamente são de pequenos produtores, com áreas em torno de 6 ha, com plantio de mais de um tipo ou híbrido de meloeiro na mesma área, recomenda-se o escalonamento do plantio. Isso evitaria a sobreposição dos períodos de floração entre os diferentes tipos de melão, pois caso contrário poderia haver a competição na atração do polinizador, como foi de fato verificado em observações de campo feitas nessa região.

Para as áreas no Rio Grande do Norte e do Ceará, onde as propriedades são maiores (>1.000ha), com plantio semanal de 4 a 8ha para atender a demanda do mercado externo, neste caso, a adoção do escalonamento seria inviável. Nessa situação, portanto, haveria necessidade de se avaliar o uso mais adensado de colmeias na área, para tentar evitar o possível déficit de polinizadores para alguns tipos de meloeiro.

- Proposta de manejo de polinizadores nos cultivos

No controle, se esta prática for feita quando realmente necessária e, se sua aplicação ocorrer preferencialmente à noite u no final da tarde, pode-se minimizar os impactos sobre os serviços de polinização, pois como observado, foram registradas reduções de até 70% na frequência de visitação das abelhas nas áreas após a pulverização. Além disso, as abelhas só retomam o padrão normal de visitação às flores do meloeiro em três a cinco dias após a aplicação (Siqueira *et al.*, 2012). Ainda nesse sentido, ações de sensibilização devem ser adotadas buscando-se alertar os produtores para a necessidade de evitar que esses produtos tóxicos às abelhas sejam utilizados no período da manhã, quando ocorre o pico de visitação dos polinizadores. Nas áreas que utilizam colmeias racionais, caso as aplicações sejam inevitáveis, deve-se proteger as abelhas, impedindo-as de sair, colocando-se espuma e/ou

- Época, frequência e horário de aplicação de agroquímicos

Como já descrito, o meloeiro produz flores masculinas e hermafroditas, sendo ambas visitadas pelas abelhas, porém, somente as últimas formam os frutos. Ao longo da floração, as flores hermafroditas geralmente são produzidas em maior quantidade na segunda semana. Assim, é importante que nesse período as abelhas estejam presentes no cultivo a fim de garantir a produtividade da área. Como as flores duram somente um dia, deve-se evitar a aplicação de produtos químicos nessa época para não interferir no comportamento de pastejo das abelhas. Outro ponto que deve ser enfatizado refere-se à frequência e ao horário de aplicação de agrotóxicos e afins. Nas áreas de Pernambuco e Bahia, observa-se que a frequência de aplicação de agrotóxicos e afins ao longo da floração é alta e, em alguns casos, o uso é mais preventivo mais preventivo do que para controle. Se esta prática for feita quando realmente necessária e, se sua aplicação ocorrer preferencialmente à noite ou no final da tarde, pode-se minimizar os impactos sobre os serviços de polinização, pois como observado, foram registadas reduções de até 70% na frequência de visitação das abelhas nas áreas após a pulverização. Além disso, as abelhas só retomam o padrão normal de visitação às flores do meloeiro em três a cinco dias após a aplicação (Siqueira *et al.*, 2012). Ainda nesse sentido, ações de sensibilização devem ser adotadas buscando-se alertar os produtores para a necessidade de evitar que esses produtos tóxicos às abelhas sejam utilizados no período da manhã, quando ocorre o pico de visitação dos polinizadores.

Nas áreas que utilizam colmeias racionais, caso as aplicações sejam inevitáveis, deve-se proteger as abelhas, impedindo-as de sair.

- Ajuste no período de retirada da manta agrotêxtil e colocação de colônias

Nos cultivos do Rio grande do Norte e do Ceará é praticada a colocação da manta agrotêxtil (manta de tecido-não-tecido – tNt) até o início do florescimento. Sua retirada é feita por volta do 21º até o 23º dia do ciclo da cultura, época em que também são colocadas as colmeias. Porém, com a retirada da manta, geralmente ocorre a revoada de mosca-branca (*Bemisia tabaci*) e mosca-minadora (*Liriomyza* sp), o que leva à aplicação de agrotóxicos e afins para seu controle. então, para evitar que a introdução de colônias seja feita conjuntamente com a aplicação de agrotóxicos e afins, sugere-se que seja feita a antecipação da retirada da manta em um dia (por volta do 20º dia do ciclo). Além disso, a colocação das colmeias poderia ser adiada para um ou dois dias após a aplicação, evitando que as mesmas ficassem expostas aos agrotóxicos e afins.

- Manejo das colônias antes da introdução no cultivo

As revisões das colônias são importantes e necessárias para verificar se as abelhas estão com estoque de alimentos, se estão em bom estado de conservação, ou seja, se as caixas não apresentam orifícios ou estão danificadas pelo ataque de cupins. Além disso, antes da introdução das colmeias nos cultivos, é essencial verificar se os ninhos estão fortes. outros aspectos importantes devem ser observados, tais como a quantidade de alimento disponível, a postura da rainha (em torno de 60% dos quadros com cria), o nível populacional da colônia, a presença de realeiras (células modificadas em que as rainhas são alimentadas pelas operárias com geleia real), o desenvolvimento da cria e a ocorrência de doenças ou pragas, como formigas e traças.

Na região de Mossoró, cerca de 50 a 60% das colônias são perdidas no período da entressafra, devido principalmente à falta de manejo adequado (alimentação suplementar de manutenção, disponibilidade de água, troca de placas de cera, redução de alvado). Além dessa perda significativa na quantidade de colmeias, percebe-se que as colônias que conseguem sobreviver geralmente ficam muito fracas e não têm condições de ser tão eficientes na prestação dos serviços de polinização, diferentemente das colônias bem manejadas, que são fortes e eficazes. esse fato, em algumas situações, leva à necessidade do aumento do número de colmeias, aumentando ainda mais os riscos de acidentes, sem a potencialização dos serviços de polinização. Vale salientar que um maior número de colmeias fracas não corresponde a uma polinização mais eficiente, uma vez que a dinâmica de forrageamento de colmeias fracas e fortes não é a mesma.

Assim, em colmeias fortes, com grande quantidade de cria há um estímulo para operárias coletarem alimento, o que não ocorre em colmeias fracas.

- Localização e disposição das colmeias no cultivo

A localização das caixas no cultivo, geralmente estas são colocadas nas proximidades da área, mas dispostas de forma inadequada. Em algumas situações as colmeias ficam expostas ao sol, o que pode causar um superaquecimento, levando as abelhas a procurarem formas de resfriá-las. Com isso, elas deixam de visitar as flores, tornando o serviço de polinização menos eficiente. Para contornar tal situação, o indicado seria a construção de abrigos adequados para a colocação das caixas no campo, de forma que as mesmas fiquem em locais sombreados. o ideal é que esses abrigos sejam posicionados no entorno da cultura, e em locais de menor tráfego de pessoas e veículos, pois assim se evitaria o risco de acidentes. Atenção também deve ser dada à disposição das colmeias. Na maioria das áreas é comum o uso de cavalete coletivo, o que além de aumentar os riscos de acidentes, também não beneficia os serviços de polinização, uma vez que a proximidade entre as colmeias favorece a agressividade durante o manejo e a ocorrência de competição entre operárias e saque de alimentos. Isso também desfavorece as colônias mais fracas e desvia operárias da busca dos recursos nas flores. Para minimizar essa situação é indicado o uso de cavaletes individuais e as colmeias devem ficar distantes de, no mínimo, dois metros entre si.

- Período indicado para introdução e permanência das colônias no cultivo

A colocação das colmeias no cultivo deve ser feita no início da floração. No Rio grande do Norte e Ceará, é feita geralmente após a retirada da manta agrotêxtil. Na Bahia e em Pernambuco, esta prática vem sendo utilizada só recentemente (nos últimos 3 anos), porém, este procedimento deve ser feito com cautela, dada a proximidade entre os lotes dos perímetros de irrigação. Nesse caso, a colocação das colmeias no cultivo deve ser feita por volta do 20° dia a partir da semeadura, ou por volta do 6° dia do início da floração. dessa forma, as operárias já estariam familiarizadas com o ambiente e presentes no momento de maior oferta das flores hermafroditas, o que ocorre por volta do 10º dia após o início da floração.

No que se refere ao tempo de permanência das colmeias no cultivo, essas devem permanecer na área somente durante a floração, como é realizado em Mossoró (Ribeiro et al, 2012). Porém, salientamos novamente a necessidade dos cuidados na entressafra, para que as colônias sejam mantidas em boas condições e possam ser utilizadas na safra seguinte. Nesse sentido, é importante a manutenção da vegetação do entorno, que serve de fonte alternativa de alimento. Além disso, o mel produzido durante a safra pode e deve ser utiliza- do para alimentar as colônias no período de escassez.

- Convívio com as abelhas-melíferas durante sua permanência na área de cultivo

As abelhas-melíferas podem tornar-se agressivas com ruídos altos, movimentos bruscos, ou com a passagem de animais ou seres humanos em frente às colmeias, atrapalhando sua linha de voo. Por isso, ao instalar colmeias próximas às culturas a serem polinizadas, deve-se respeitar a regra de manter as colmeias a 300m da passagem de pessoas e animais, evitando-se tratores, motores, motos ou outras fontes de ruído.

Finalmente, recomenda-se a assessoria de um apicultor ou técnico capacitado, que possa manejar as colmeias e fornecer às abelhas as condições adequadas para que elas realizem os serviços de polinização. o produtor certamente lucrará com a utilização de abelhas-melíferas para os serviços de polinização do meloeiro. entretanto, é essencial que ele compreenda e respeite as necessidades das abelhas

7.12.Raleamento dos frutos

7.12.1.   Raleio dos Frutos

O raleio é realizado com o objetivo de:

- Aumentar o tamanho das frutas

Este é, sem dúvida, o principal e mais importante dos objetivos do raleio. O aumento do tamanho das frutas está intimamente ligado à relação folha/fruta, ou seja, o aumento do tamanho da fruta é diretamente ligado ao número de folhas.

O número ótimo de folhas/fruta é dependente da eficiência fotossintética das folhas, assim plantas de pequeno porte apresentam folhas mais eficientes do que plantas de porte mais elevado, devido ao fato de que essas folhas estão expostas à luz solar direta por um período mais prolongado. O aumento do número de folhas/fruta para valores superiores a 50 parece produzir um efeito menor no tamanho e qualidade das frutas.

- Evitar a alternância de produção

A produção excessiva de frutas, em um ano, causará um esgotamento de alguns nutrientes minerais e diminuição do teor de glicídicos e outras substâncias de reserva, com isso a planta não é capaz de promover uma boa formação de gemas florais e, também, de suportar as frutas no ano seguinte.

As causas da alternância de produção, em algumas frutíferas, ainda não são bem conhecidas. Alguns autores atribuem a condições climáticas, outros, porém, observaram que o grau de alternância depende do número de frutas produzidas e do tempo de permanência destes na planta após a maturação; outros ao excesso de giberelinas produzidos pela semente e que interferem na diferenciação das gemas floríferas para o próximo período produtivo.

As espécies mais suscetíveis à alternância de

produção são as cítricas, especialmente as tangerineiras e laranjeiras; as pereiras; os pessegueiros e as macieiras. Em geral, as cultivares mais precoces e de meia estação são mais suscetíveis do que as cultivares tardias.

- Melhorar a coloração e a qualidade das frutas

A melhoria na qualidade das frutas, em plantas submetidas ao raleo ocorre devido ao maior espaçamento entre as frutas, o que elimina o sombreamento de uma fruta por outra, com isso ocorre uma melhor exposição à luz.

Com relação à qualidade, ocorre que, em plantas raleadas, aumenta-se o número de folhas/fruta, com isso ocorre um maior fornecimento de carboidratos, principalmente sacarose, e outros elementos que conferem melhor qualidade, representada, neste caso, pelo sabor, aroma e cor.

- Evitar o rompimento de ramos

O excesso de peso, causado por uma produção muito grande de frutas, é causa frequente da quebra dos ramos. Com um excesso de peso, o rompimento dos ramos é agravado pelo vento e pelos operadores que realizam o processo de colheita.

- Reduzir o número de frutas com defeitos graves

Na operação do raleio, procura-se eliminar inicialmente as frutas que apresentem defeitos graves, sejam eles devidos a deformações, ataque de pragas e/ou doenças, danos mecânicos, entre outros. Com isso evita-se que a planta dispense energia para sustentar frutos que serão descartados durante a classificação, logo após a colheita.

- Melhorar a resistência das plantas

Plantas com produções excessivas tornam-se deficientes em alguns nutrientes, com isso, são mais facilmente atacadas por pragas e doenças, além de que produções excessivas continuadas podem causar até a morte das plantas.

- Reduz o custo da colheita

Quanto maior for o número de frutas descartadas após a colheita, geralmente devido a um pequeno tamanho, maior será o custo da operação de colheita, pois estaremos pagando para que os operadores colham frutas que serão descartadas posteriormente.

Além da colheita, o raleio diminui os custos das operações posteriores, como a classificação, uma vez que possibilita maiores rendimentos. O raleio reduz também os gastos com conservação e transporte.

- Época de realização do raleio

De um modo geral, quanto mais cedo for efetuado o raleio maiores serão os benefícios obtidos, assim sendo, os resultados serão melhores se ralearmos flores ao invés de frutas ou botões florais ao invés de flores. Porém, isso é inviável economicamente em grandes pomares, além de que os riscos com perdas posteriores são muito grandes nesse caso.

É importante salientar que, quando o raleio é realizado dentro do período de divisão celular da fruta, ocorre formação de um maior número de células, com consequente maior tamanho da fruta, comparado com o raleio realizado após a fase de divisão celular, na qual o tamanho da fruta é dado somente pelo aumento do volume das células. Assim, os efeitos benéficos do raleio serão tanto maiores quanto mais cedo for realizada esta operação.

A época mais adequada para realização do raleio é variável com a espécie, porém pode-se considerar, em torno, de 30 a 40 dias após a plena floração ou quando as frutas tiverem de 1 a 2 cm de diâmetro como a melhor época para realização do raleio, para a maioria das espécies frutíferas. Essa época é assim determinada porque, normalmente, as plantas apresentam uma queda natural de frutas até 30 dias após a plena floração, por isso não é recomendável.

- Intensidade do raleio

Várias são as maneiras utilizadas para determinar

qual a quantidade de frutas que deve permanecer em uma determinada planta para que se obtenha uma produção de boa qualidade. Por isso, devemos conhecer alguns aspectos envolvidos na determinação da intensidade do raleio (Fachinello, 2005):

a) Antes de executar o raleio ou determinar a quantidade de frutas que vamos deixar na planta, deve-se lembrar, que ao se intensificar o raleio, melhora-se a qualidade das frutas, a produção total diminui e o valor da colheita aumenta até um certo ponto, decrescendo se o raleio for muito intenso.

b) O raleio deve ser realizado de acordo com o nosso objetivo, ou seja, se desejarmos frutas de maior tamanho, devemos deixar um menor número de frutas na planta, caso contrário, deixaremos uma maior quantidade;

c) O número de frutas a serem deixadas na planta é variável com a espécie, cultivar, idade, vigor, nutrição, estado fitossanitário, entre outros;

d) Qualquer que seja a espécie e o método utilizado, o raleio deve ser mais intenso nas cultivares de maturação mais precoce e ciclo mais curto;

Para as principais culturas de importância econômica, existem métodos mais adequados para se fazer a determinação de que quantidade de frutas deve permanecer na planta.

7.12.2. Tipos de Raleios

- Raleio manual

O raleio manual consiste na eliminação do excesso de frutas da planta manualmente ou através de tesouras apropriadas. O raleio manual é, sem dúvida, o que permite uma melhor quantificação e seleção das frutas que devem permanecer na planta.

Deve ser iniciado pela eliminação de frutas machucadas, atacadas por pragas e/ou doenças, frutas deformadas ou com algum tipo de defeito. Depois retiram-se frutas, até atingir a quantidade desejada, levando-se em consideração a uniformidade do espaçamento; tamanho das frutas, eliminando-se as menores; vigor dos ramos, devendo-se dar preferência aos ramos novos e vigorosos; posição da fruta na planta, deixando-se, sempre que possível, as frutas localizadas na parte de fora e no topo da planta; posição das frutas nos ramos, deixando-se as voltadas para baixo, para que não ocorra rompimento do pedúnculo com o aumento do peso das frutas, principalmente na maturação, bem como pela ação de ventos; entre outros.

O raleio manual é uma operação bastante demorada e onerosa e, devido principalmente ao curto período de tempo em que deve ser realizado, normalmente, é utilizado como um complemento dos métodos físico e químico.

A época mais adequada para a realização do raleio de bagas, utilizando escova plástica, é durante o período de prefloração.

- Raleio mecânico

O raleio mecânico pode ser efetuado através de diversas formas, porém as mais utilizadas são:

a) Jato de água - consiste em aplicar um jato de água com alta pressão, produzido por um pulverizador turbinado, durante a floração ou logo após;

b) Varas - consiste na utilização de varas de borracha rígida ou de madeira revestida, pelo menos em 20 ou 30cm de sua extremidade, com esponja recoberta com tiras de borracha para evitar a ocorrência de danos mecânicos aos ramos. As varas medem, aproximadamente, 1m, dependendo da altura dos ramos a serem raleados, e o raleio é feito mediante o impacto da vara com os ramos.

A melhor época para realizar este tipo de raleio mecânico é quando as frutas ainda estão pequenas e frágeis, para que se desprendam da planta através de poucas e leves batidas.

Através deste método não se pode fazer uma seleção das frutas, sendo que normalmente os maiores são eliminados, porém é utilizado como método preliminar do raleio manual, devido a sua maior rapidez e praticidade.

Outro problema apresentado por este método é que, com a batida da vara no ramo, além da queda de parte das frutas, causa danos às remanescentes, causando queda posterior destas.

c) Máquinas - consiste na utilização de máquinas que, quando acopladas ao tronco ou ramos das plantas, produzem vibrações que causam a queda das frutas. Este método, assim como o anterior, apresenta grandes inconvenientes que são a queda das frutas maiores e de partes menos flexíveis da planta e provoca uma queda posterior das frutas em consequência das lesões sofridas durante a vibração da planta.

O raleio mecânico deve ser realizado em 60 a 70% do total de frutas a serem raleadas, o restante do raleio deve ser executado manualmente.

- Raleio químico

O raleio químico consiste na aplicação de substâncias que causam queda de flores e/ou de frutas.

As principais vantagens do raleio químico, em relação ao mecânico e manual, são:

a) Redução dos custos, devido à rapidez de execução;

b) Melhor tamanho e qualidade das frutas, pois é

realizado mais precocemente do que os outros métodos;

c) Melhor regulação da produção;

d) Reduz as lesões causadas pelo destacamento da fruta, as quais facilitam a entrada de patógenos.

Como principais desvantagens deste método, podemos citar:

a) Maior risco de danos devido a geadas tardias, visto que o raleio químico é realizado durante a floração;

b) Os produtos utilizados podem causar danos à folhagem;

c) Os resultados são variáveis com um grande número de fatores, como, por exemplo, estádio fenológico das plantas, cultivar, natureza do princípio ativo, concentração aplicada, vigor da planta, época e precisão de aplicação, condições climáticas, aditivos, polinização e atividade das abelhas, quantidade de flores e de aplicações, entre outras;

d) Não é seletivo e deve ser complementado com o raleio manual.

- Principais Raleantes Químicos

A partir da década de 70, mais de 100 produtos foram estudados, principalmente nos EUA, com o propósito de utilização em raleio de frutas, porém, na prática, poucos são os que exercem um efeito raleante satisfatório.

De acordo com estudos de Fachinello *et al,* (2005),

as principais substâncias utilizadas para o raleio químico são o ácido naftalenoacético (ANA), o ácido naftalenoacetamida (ANAm), o ethephon, o ácido giberélico (AG_3), o carbaryl e a cianamida hidrogenada.

O modo de ação das auxinas sintéticas (ANA e ANAm) não é bem explicado até o presente momento. Alguns autores sugerem que elas causam alteração no transporte de auxinas endógenas das sementes jovens para a base do pedúnculo das frutas, com a redução de auxinas endógenas ocorre diminuição no fornecimento de nutrientes, resultando na abscisão das frutas mais fracas. Outros autores observaram que o ANA causa um aumento no potencial de água nas folhas e que o efeito raleante é provocado pela diminuição no fornecimento de C^{14}-sacarose das folhas para as frutas.

O efeito raleante do ethephon ocorre pela estimulação da síntese de etileno, o que acarreta inibição da síntese ou transporte de auxinas. Com a diminuição nos teores de auxinas na região distal da zona de abscisão, aumenta a sensibilidade do tecido ao etileno e o processo de abscisão ocorre pelo aumento da síntese e secreção da enzima celulase.

O ácido giberélico apresenta ação raleante indireta, pois atua como inibidor do desenvolvimento das gemas após o inchamento da extremidade apical, não apresentando evolução floral posterior, e retardando o processo de diferenciação floral das gemas.

A cianamida hidrogenada tem sido utilizada com frequência para superar a deficiência de frio na maioria das espécies frutíferas de clima temperado, porém, quando aplicada em concentrações mais elevadas, provoca efeito fitotóxico às gemas florais, principalmente em pessegueiros.

O carbaryl, um inseticida do grupo dos carbamatos, pode melhorar o tamanho das frutas pelo aumento da taxa fotossintética das folhas ou pela eliminação de uma parte das frutas. Sendo que, muitas vezes, o efeito raleante é melhor e mais constante do que o efeito das auxinas sintéticas e do ethephon, principalmente porque, mesmo em altas concentrações,

apresenta baixa solubilidade, o que evita um raleio excessivo.

Como foi mencionado anteriormente, a aplicação de produtos químicos com efeito raleante é variável com alguns fatores, principalmente espécie e cultivar, deste modo, não existem concentrações ótimas de uma determinada substância e sim faixas de concentrações nas quais são obtidos os melhores resultados.

O raleamento dos frutos consiste em eliminar os frutos doentes, defeituosos, manchados, atacados por insetos ou doenças ou frutos fora do padrão. Essa prática é usada quando se deseja aumentar o tamanho e melhorar a qualidade do fruto. Contudo, essa prática eleva os custos final da produção, por isso, o raleamento deve ser uma prática planejada de acordo com a variedade em que será usada no plantio e o mercado em que se destina os frutos.

Deve-se ficar atento também ao consumidor, já que existem mercados que exigem frutos pequenos, em torno de 1,0 kg, enquanto outros, preferem frutos grandes, acima de 1,5 kg.

7.13. Irrigação

O sistema de irrigação de preferência a ser utilizado na cultura do melão é o de gotejamento, com suas variantes dos tipos "espageti" ou "tripa". O produtor deve procurar usar aquele que melhor condiz com a condição do seu plantio no interior da estufa.

Esse sistema de irrigação reduz a quantidade de água, pois a planta aproveita a água com mais eficiência e evita problemas que envolvam doenças nas folhagens. Torna-se importante considerar também que nesse processo usa menos mão-de-obra para irrigar o melão, além da vantagem de maior eficiência na fertilização via água de irrigação (fertirrigação).

O sistema de gotejamento aplica água no solo diretamente sobre o sistema radicular da planta, em pequena intensidade (1 a 4 L/h) e com alta frequência (Turno de Rega de 1dia).

7.14.Fertirrigação

A fertirrigação consiste na aplicação dos fertilizantes via água de irrigação, atualmente é uma das práticas mais usadas pelos produtores de melão em estufa. Porém, esse processo necessita de uma aplicação correta de acordo com a marcha de absorção da planta e o seu estágio de desenvolvimento.

Os períodos de aplicação dos fertilizantes são determinados por meio da marcha de absorção dos nutrientes nos diversos estágios de desenvolvimento fisiológico da planta. Alguns estudos recentes indicam que o fósforo, na fertirrigação, se revela mais satisfatório quando aplicado por meio do gotejamento em pequenas doses.

A mobilidade do potássio e nitrogênio contribui para a obtenção de melhores resultados no processo de fertirrigação, enquanto, o número de parcelamento desses nutrientes na fertilização pode ser realizado em elevado número de vezes. Recomenda-se aplicar o fertilizante no plantio, após isso aplica- se o restante de acordo com a exigência da cultura, analisando sempre o seu crescimento vegetativo, floração e frutificação.

Os fertilizantes são oferecidos nos estados sólido e líquido e devem ser manuseados por profissionais especializados, já que as substâncias possuem solubilidade e poder corrosivo e podem causar a acidificação do solo. Recomenda-se que os fertilizantes possuam alto grau de pureza de modo a evitar possíveis entupimentos no sistema de irrigação.

No caso específico da ureia, a concentração de biureto não deve ultrapassar 0,25%, a fim de impedir a toxidade das plantas.

Vale ressaltar que a quantidade deve ser aplicadas mediante recomendações obtidas por meio das análises químicas do solo. Dessa forma, o produtor utilizará o adubo, ou mistura mais indicada, na quantidade exata e na época certa.

8.   PRINCIPAIS DOENÇAS

As *curcubitáceas* são suscetíveis a um número considerável de doenças. Dentre as enfermidades, um índice elevado causa danos irrisórios ao plantio, enquanto, outras prejudicam a cultura de forma irreversível. O comportamento de algumas doenças e distúrbios fisiológicos encontra-se exposto neste livro, com a intenção de revelar as formas de ataques dos invasores e quais os procedimentos adequados para a realização do controle da cultura.

8.1. Viroses

8.1.1. Vírus do mosaico do mamoeiro-*(Papaya Ringspot Vírus 1)*.

Principal virose presente nas regiões plantadoras do melão. Limita a produção, basicamente, em dois aspectos: o primeiro é a redução da produção total e o segundo é a diminuição da produção comercial. O mosaico do mamoeiro é transmitido por meio de pulgões e os sintomas visuais são deformações e presença de bolhas nas folhas e frutos.

As medidas de prevenção contra o vírus são plantios de cultivares resistentes, já que não existem agrotóxicos recomendados para este tipo de doença. Neste caso, torna-se necessário o emprego de sementes adquiridas exclusivamente de firmas idôneas, pois a produção própria de sementes degenera o cultivar.

Recomenda-se também controlar eficientemente as plantas daninhas e evitar os plantios sequenciados, em estufa.

Na fase inicial do cultivo, deve-se ficar atento à eliminação de plantas doentes.

8.1.2. Vírus do Mosaico da Melancia 2- (*Watermelon Mosaic* vírus 2).

Acontece em todas as regiões de cultivo de melão, provocando a redução na produção e gera perda na qualidade do fruto.

Não existe controle para essa doença, exceto o plantio de variedades resistentes. Recentemente, pesquisadores descobriram o vírus em campos de melão, as formas de transmissão e controle são as mesmas do *Papaya Ringspot* Vírus 2, o Mosaico I, entretanto um fator diferencia esses dois tipos de virose: o vírus do Mosaico da Melancia 2 pode ser transmitido pela semente.

8.1.3. Bacterianas

8.1.3.1. Mancha Angular das Curcubitaceas- (*Pseudomonas syringae pv. Lachrymans*).

A principal bacteriose presente nas regiões plantadoras de melão aparece em condições de umidade elevada e, em temperaturas que oscilam de 24°C a 28°C.

Essa doença é transmitida através de sementes, água de irrigação, ventos e materiais de trabalho (como enxadas e outros equipamentos). A penetração da bactéria dá-se através dos estômatos, atacando posteriormente as folhas, hastes, pecíolos e frutos.

As medidas de prevenção recomendadas são: o emprego de sementes adquiridas exclusivamente de firmas idôneas e medidas de manejo preventivo durante a irrigação.

8.1.3.2. Podridão bacteriana dos frutos de melão - (*Xanthomonas campestris pv melonis)*(Neto et al., 1984)

Ataca o plantio de melão e os sintomas são o escurecendo na parte da polpa do melão e também origina bolsas na fruta. Na área mais afetada a fruta fica com características conhecidas como "barriga d'água".

Essa doença pode ser transmitida por meio de sementes, água de irrigação, ventos e materiais de trabalho (como enxadas e outros equipamentos) e a penetração da bactéria se dá por meio dos estômatos, das folhas, das hastes, dos pecíolos e dos frutos.

8.1.3.3. Podridão aquosa dos frutos do melão- (*Erwinia carotovora* var. *carotovovas*)

Aparece principalmente no período de colheita e armazenamento dos frutos. Recomenda-se controlar com eficiência o manejo da fase de colheita e pós-colheita, bem como evitar o contato do fruto com materiais que possam a vir danificar os frutos, como canivetes, facas, tesouras, etc.

8.2. Fúngicas

8.2.1. Oídio

Sua incidência é bastante elevada em regiões de climas quentes e secos e em plantios sob plásticos. A doença, causada pelo fungo *Sphaerotheca fuliginea,* se desenvolve na superfície das folhas formando manchas esbranquiçadas que causam a necrose foliar. Normalmente, chegapm a cobrir totalmente as duas faces da folha e do pecíolo, tal processo pode ser observado por meio do amarelamento foliar.

A cultivar Eldorado 300 apresenta tolerância considerável ao fungo do oídio, que se manifesta tardiamente nessa variedade. Por outro lado, os esporos são facilmente disseminados pelo vento em condições de baixa umidade relativa do ar.

O controle da doença pode ser realizado por meio de plantio de cultivares resistentes ou aplicações de fungicidas. O primeiro caso reduz o custo da produção através da redução na aplicação de fungicidas.

8.2.2. Míldio

Essa doença é causada pelo fungo

Pseudoperonospora cubensis e apresenta sintomas de manchas angulares nas folhas. Ao contrário do oídio, a disseminação do míldio é facilitada pelas condições de alta umidade e livre disponibilidade de água. Os sintomas apresentados são coloração amarelada e desenvolvimento do fungo.

Como prevenção usa-se plantios mais espaçados e irrigação controlada, que dificulta o estabelecimento da doença na planta.

O controle químico é eficiente inclusive no tratamento das sementes, mas é sempre bom lembrar que o uso de produtos químicos deve ser restringido e usados com recomendações técnicas de profissionais especializados.

8.2.3. Cancro das hastes ou crestamento gomoso do caule

(*Mycosphaella melonis*)

Essa é uma doença fúngica, cujo agente (*Didymella bryoniae*) infecta principalmente as hastes das plantas, começando a partir do colo e podendo afetar, inclusive, as folhas. Esse tipo de fungo se instala no solo por meio das sementes.

As medidas de controle devem levar em conta a forma de transmissão da doença, ou seja, se a enfermidade é originada na região do solo ou da semente. Sobre a última, a utilização de sementes com boa procedência é um requisito fundamental para a prevenção desta doença.

Contudo, o controle químico só deve ser realizado mediante recomendação da assistência técnica.

8.2.4. Podridão gomosa

A doença podridão gomosa (*Didynella bryoniae* e *Mycosphaerella melonis*) são características de regiões que possuem alta umidade ou plantios cujo cultivo é realizado sob plásticos. Todavia, nos últimos anos, a podridão gomosa tem se apresentado com incidência elevada em plantios de melão na região Nordeste do país.

Para os tratamentos fitossanitários adequados deve-se tratar o solo, com frequência semanal ou quinzenal, com fungicidas específicos para à doença.

9. PRINCIPAIS PRAGAS

9.1. Larva minadora (*Lyriomyza sp.*)

Essa praga é responsável por elevadas perdas na cultura do melão, pois o seu ataque abre orifícios no limbo da folha, reduzindo a área e, consequentemente, matando-a. O uso excessivo de inseticida, evidencia o típico erro do manejo inadequado na cultura, ocasionado o desequilíbrio da população de inimigos naturais.

O controle químico pode ser realizado através do uso de substâncias existentes no mercado e deve ser recomendado os produtos registados e indicados pelo Ministério da Agricultura.

9.2. Pulgões

Existem vários gêneros de pulgões que infestam a cultura do melão como, por exemplo, os dos gêneros *Aphis gossypii e Myzus persicae*. O principal ataque se dá nas plantas que se encontram em processo de brotação, causando deformação nas folhas e deixando-as com uma coloração amarelada. A ação intensa desses insetos reduz a produtividade e a produção da planta, além de espalhar diversas viroses na cultura do melão.

O controle natural é o mais recomendado nestes casos, por meio da disseminação de insetos predadores como as vespas, os besouros e as moscas. Ainda assim, a ação deve ser orientada por um técnico especializado, já que os produtos usados podem causar o desequilíbrio na população natural dos insetos predadores e levar ao aparecimento de outras pragas.

9.3. Vaquinhas

A principal espécie que ataca a cultura do melão é a vaquinha patriota (*Diabrota speciosa*). O adulto desta espécie é responsável direto pelos danos causados nas folhas. A infestação é mais prejudicial quando ocorre na fase que se estende do período da semeadura até o início da floração.

As medidas preventivas mais recomendadas são o monitoramento do cultivo em estufa e a aplicação de produtos químicos apenas em últimos casos, quando o comprometimento do cultivo provocar danos econômicos à produção.

9.4. Broca das cucurbitáceas ou brocas das hastes

Os adultos desta espécie depositam ovos em botões florais e também em frutos novos, enquanto as larvas nascem e penetram na fruta e dessa se alimentam até completarem o desenvolvimento completo, quando chegam ao estágio de inseto e o ataque, daí por diante, se dará nas folhas e hastes.

As medidas preventivas e de monitoramento são as mais recomendadas, no uso do controle químico deve-se utilizar inseticidas registados e aplicar o produto em direção às flores e aos frutos novos.

9.5. Moscas das frutas

103

Esse inseto requer um cuidado especial. A presença da *Anastrepha grandis* pode impedir a exploração de outras fruteiras como a manga, acerola e banana, já que essas plantas também são suscetíveis à ação da praga.

9.6. Mosca-branca (*Bemisia argentifolii*)

Esse inseto é conhecido como mosca-branca ou piolho farinhento. Esses termos são comuns e usuais pelos produtores e definem o inseto que pertence a ordem *Homoptera*. O seu tamanho é de aproximadamente 1 mm de comprimento e apesar de pequeno ele desenvolve-se com facilidade, atingindo grandes populações e utilizando-se de uma ampla faixa de hospedeiros.

As espécies *Bemisia tabaci* e *Bemisia argentifolii* são as mais relevantes. Em alguns países da América Central as disseminações dessas populações tornaram-se incontroláveis em cultivos de tomate e melão.

A sucção da seiva da planta e a posterior formação de substâncias açucaradas produzidas pela sua digestão permitem o desenvolvimento de Fumagina, diminuindo assim a capacidade fotossintética da planta e causando sintomas de encarquilhamento das folhas. Ela também contribui para o amadurecimento irregular dos frutos e para a disseminação da coloração amarela que dificultam o reconhecimento do ponto de colheita e reduzem a qualidade e o potencial produtivo da planta.

Para o controle, o uso de inimigos naturais tem-se tornado eficiente e podemos citar como exemplos a utilização do fungo *Cladosporium cladosporioides* e as aranhas de várias espécies. Esses predadores reduzem drasticamente a população do inseto.

Existem junto ao Ministério da Agricultura e Abastecimento – MAPA vários produtos registados para o cultivo do melão. É necessário consultar, antes de se fazer qualquer aplicação, os documentos atualizados no banco de dados. A forma de aplicação dos agrotóxicos e a dose influem na eficiência do tratamento e, por isso, são indispensáveis a leitura e a observação das informações contidas no rótulo dos produtos específicos.

A utilização destes produtos requer conhecimento técnico, principalmente quando se trabalha com produtos delicados e doses elevadas, esses fatores quando aplicados de forma irregular podem armazenar resíduos nos frutos. Neste contexto, é preciso conhecer o mercado para onde os produtos serão destinados já que alguns possuem normas de controle fitossanitário específicas.

A regulagem adequada da vazão, a escolha correta dos bicos a serem utilizados no pulverizador e o horário certo da aplicação promovem uma maior eficiência e controle. Nestes casos, a aplicação deve ser realizada de preferência nas horas mais frescas do dia. Recomenda-se que evitem pulverizações nas primeiras horas da manhã, principalmente durante o período da floração, para que isso não interfira na atividade dos insetos polinizadores como as abelhas e vespas.

9.7. DISTÚRBIOS FISIOLÓGICOS

São anomalias de origem fisiológica e os mais comuns são:

9.7.1. Fermentação interna dos frutos

Depois de escolhidos, os melões podem eventualmente apresentar problemas de fermentação interna. Alguns produtores associam esse problema ao excesso de adubação nitrogenada ou mesmo à calagem insuficiente.

9.7.2. Má-formação do fruto

Os frutos apresentam características visuais diferentes de cultivar que os originou. Neste caso, alguns autores atribuem a deformação do fruto à competição do crescimento vegetativo com o mesmo. Outro fator que se observa é a formação de protuberâncias com aparência de um "umbigo". Tal ação deve- se à má cicatrização que por sua vez pode estar relacionada com eventuais problemas na polinização.

Problemas dessa natureza podem ser solucionados simultaneamente à realização de raleamento dos frutos, deixando somente um ou dois frutos por planta e escolhendo sempre os que melhor representam a característica do cultivar que os originou.

9.7.3. Amarelão

A ocorrência do "amarelão" no meloeiro é proveniente de um distúrbio fisiológico ocasionado pela deficiência de molibdênio e excesso do íon sulfato no solo.

As ações preventivas como o monitoramento periódico das análises químicas e foliares são processos eficientes já que proporcionam a possibilidade de correção do desbalanceamento de fertilizantes.

9.8. Rachaduras

Esses sintomas ocorrem especialmente em situações de diferenças bruscas no teor de água do solo e da quantidade desordenada dos nutrientes fornecidos à planta na adubação. A rachadura pode ser controlada através do balanceamento de nutrientes ofertados e do manejo adequado da quantidade de água fornecida à planta.

Os problemas supracitados funcionam como um alerta para aqueles que desejam realizar plantios de melão em estufa.

No mercado existem literaturas específicas para os leitores que desejam adquirir maiores conhecimento acerca de assuntos como as doenças, as pragas e os distúrbios fisiológicos que atingem a cultura do melão.

10. COLHEITA

As diversas etapas da produção do meloeiro, no campo, terminam com a colheita. Todas as fases são importantes para o aumento da produtividade do plantio, mas a colheita é fundamental, isto, porque ações insatisfatórias neste quesito, tanto em âmbito preventivo ou com relação aos períodos corretos, diminuem consideravelmente o rendimento e colocam a perder todos os cuidados com planejamentos e investimentos anteriores.

A colheita do meloeiro é realizada de acordo com a variedade e a condição de cultivo, o melão pode atingir o amadurecimento acima de 60 dias. Isto vai depender do cultivar usado no plantio e época do plantio.

A colheita do melão deve ser realizada quando os frutos estiverem maduros. Neste aspecto, referências como a coloração da casca são importantes, mas o teor de açúcares ou grau Brix° é o melhor método para detectar a maturação dos frutos de diferentes cultivares.

Uma observação que deve ser feita é em relação ao transporte e mercado onde será destinado este fruto, pois o local de distribuição e comercialização são fatores importantes e determinantes na produção.

Vários estudiosos e pesquisadores entre eles

Chitarra e Chitarra (1990) relacionam o melão como fruto não climatérico e relatam que existe a possibilidade de que, numa idade fisiológica apropriada ou sob condições de armazenamento adequado, os frutos possam apresentar um padrão respiratório característico de frutos climatéricos. Enquanto, Bleinrhot (1994) afirma que o melão oferece características de frutas climatéricas, cujo processo de maturação prossegue normalmente após a sua colheita.

O ideal, considerando-se o aspecto do teor de açúcares e sabor, é a colheita dos frutos completamente maduros. Entretanto, neste período, os frutos só podem ser usados para a comercialização em mercados próximos ao local de produção, já para exportação o ponto de colheita deve ser anterior a este estado fisiológico.

Para os melões do grupo amarelo a colheita deve ser feita quando iniciarem a mudança de coloração, ocasião esta em que deverão apresentar um conteúdo de sólidos solúveis totais de aproximadamente 10%.

Os melões cantaloupes ou rendilhados apresentam três estágios de indicação para colheita, de acordo com o desenvolvimento da capa: o primeiro é quando a capa de abscisão está na metade do seu desenvolvimento, o segundo é quando esta encontra-se completamente desenvolvida e a terceira é quando o melão se desprende totalmente da planta. Ressalta-se ainda que fatores como o conteúdo de açúcar, textura, coloração da polpa e aroma podem servir como principais indicativos para a realização de uma boa colheita.

10.1.Materiais usados na colheita

1. *Tesoura ou canivetes– esses instrumentos devem ter lâminas amoladas para que evitem danificar o fruto na hora do corte;*

2. *Caixas de colheitas– caixas de papelão utilizadas anteriormente são calculadas para acomodar o número de frutos que deverão ser encaminhados para o mercado;*

3. *Transporte– devem possuir armação especial e boa sustentação para conduzir as caixas da colheita.*

10.2.Cuidados necessários durante a colheita

1. *Só devem ser colhidos os frutos que já se encontram maduros. Tal fator pode ser observado em virtude da mudança da coloração característica da casca de cultivar ou, caso possua refratômetro, através da quantidade de sólidos solúveis totais em torno de 10%;*

2. *Os colhedores devem usar luvas e unhas cortadas no tamanho adequado, ou seja, rente à pele. É necessário que os profissionais responsáveis por essa ação manuseiem os frutos com bastante cuidado, evitando eventuais batidas e/ou arranhões;*

3. *Os frutos devem ser colhidos com o pedúnculo (ou "cabo") em torno de 2 cm, pois esse tamanho evita a transpiração excessiva do fruto e a penetração de patógenos.*

Caso necessite fazer a colheita em dias quentes, necessita-se do resfriamento dos frutos em banho de água fria, a fim de normalizar a temperatura no interior do fruto.

11.   PÓS-COLHEITA

O melão, quando colocado em ambiente ventilado e com boa circulação do ar, suporta até três semanas de conservação em prateleiras. A perda no período de pós-colheita pode ser de aproximadamente 30%, isso vai depender de cultivar e das condições ambientais destinadas aos frutos. Ainda assim, existem perdas causadas por patógenos e atritos nos manejos inadequados.

Os fungos são os grandes responsáveis pela perda dos frutos durante os processos de colheita, transporte e armazenamento. A infeção pode ocorrer na estufa, através de cortes ou ferimentos, que facilitem a penetração dos fungos e permaneça latente até o período posterior à colheita.

As podridões que atacam os frutos se desenvolvem no armazenamento ou no período de venda do produto e, as degradações estão relacionadas com a cultivar, a estação do ano e o tratamento pós-colheita.

Alguns fatores contribuem para o aumento das podridões

Como

A colheita de frutos molhados;

a) *A manutenção das caixas por muito tempo no interior da estufa;*

b) *A colheita de frutos excessivamente maduros ou feridos em alguma parte do processo que se estende da colheita ao transporte;*

c) *A ausência de desinfeção das embalagens utilizadas na colheita e uma seleção pouco rigorosa, que deixou passar frutos com orifícios ou picadas de insetos.*

Os dados bibliográficos sobre a fisiologia pós-colheita do melão são limitados e contraditórios. Nem mesmo o comportamento respiratório do fruto encontra-se ainda bem definido, e os estudos relatam que a perda de água durante o armazenamento de frutos está relacionada com perda da qualidade do produto para a comercialização, pois, além de acarretar uma textura mais pobre, ocorre também a diminuição do nível de vitamina C, o que resulta em uma redução no valor nutritivo (Bleinroth,1988).

12.   EMBALAGEM

Os melões são frutos altamente perecíveis. No manuseio deve-se ter cuidado para não gerar impactos que proporcionem a entrada de patógenos oportunistas. Neste caso, a embalagem exerce um papel fundamental na diminuição do risco de exposição a tal fator negativo.

De acordo com Bleinroth (1994), o conteúdo de cada embalagem deve ser uniforme, com frutos de uma só variedade no mesmo estágio de maturação, formato, tamanho e coloração. O autor afirma ainda que deve-se ater para a tinta de impressão a ser utilizada para descrever o nome dos produtores, exportadores e embaladores, visto que algumas podem conter componentes que venham a contaminar os frutos.

Na Tabela abaixo são apresentadas normas de padronização de embalagem para o melão de acordo com a Portaria N°.127 de 04/10/1991. Nela encontram-se relacionados diferentes tipos de caixas e dimensões, tais como comprimento, largura e altura dos utensílios utilizados para o acondicionamento dos melões.

Além disso, existem também outros tipos de caixas e normas determinadas para exportações, seguindo o nível de qualidade e os valores direcionados para o mercado consumidor do produto. Isso vai ao encontro da necessidade de cada produtor e do planejamento prévio conduzido pelo profissional.

TABELA – Embalagem para melão.

Dimensões (mm)	M – mercado	Caixa madeira/papelão	Papelão Ondulado
Comprimento	520	620	620
Largura	290	360	360
Altura	290	180	175

Fonte: MAPA. Portaria no. 127 de 04/10/1991.

13. COMERCIALIZAÇÃO

O melão tem um mercado promissor no Brasil e no mundo. Grande parte dessa fruta é comercializada no mercado internacional, enquanto, outra prioriza o mercado interno, principalmente centrais de abastecimento, supermercados, feiras-livres, quitandas, etc.

A comercialização na maioria das vezes é realizada em embalagem de caixas de papelão, com etiquetas e identificação do produtor e essas embalagens possuem determinados números de frutos.

Os melões podem ser transportados também à granel, porém, isso não é aconselhável devido ao manejo inadequado que normalmente ocorre nesse tipo de transporte, provocando machucaduras e arranhões aos frutos.

As perdas pós-colheitas ocorridas nesse tipo de transporte ainda são elevadas e contribuem para o aumento do preço final do produto. Portanto, a viabilidade técnica e econômica empregada na produção da cultura do melão, em estufa, justifica-se pelo preço obtido no mercado. O investimento em tecnologia como a construção de estufa pode ser uma saída para que as pequenas propriedades agrícolas, muitas vezes com mão-de-obra apenas familiar, se desenvolvam através dessa técnica.

Os frutos direcionados para os mercados externo e interno são classificados, selecionados e embalados com normas específicas para cada cultivar.

A classificação é realizada de acordo com o número de melões que determinadas caixas comportam e que variam de 6 até 12 frutos.

A seleção deve ser realizada através da eliminação dos melões que apresentam danos oriundos da má-formação, presença de pragas, doenças e resíduos de materiais armazenados durante a colheita. Todavia, o tamanho dos frutos também interfere no processo e melões pequenos, e com peso não-comercializável, devem ser descartados.

14. RENDIMENTO

O consumo de melão no Brasil é de aproximadamente 0,5 kg por pessoa. Isto mostra que o mercado pode ser ampliado com variedades destinadas à diferentes mercados. O rendimento da fruta produzida em estufa depende do espaçamento destinado no plantio e de cultivar utilizada. No caso do tipo cantalupos ou rendilhados chega-se a uma produtividade média que gira em torno de 2.500 caixas/ha no campo, atingindo muitas vezes o patamar de preços compensadores em determinadas épocas do ano.

Para o melão do tipo Valenciano Amarelo, a produtividade média varia de 1.200 a 1.500 unidades/500 m^2 em estufa. Aconselha-se, neste caso, que os produtores direcionem a produção para cultivares rentáveis, como os Tipos Rendilhado e Cantalupo.

15. INDICADORES DE PRODUÇÃO

Aconselha-se aos produtores seguirem alguns indicadores:

1. *Escolha as cultivares adequadas para o plantio, como as de sabores doces, suaves e com maior resistência ao período de pós-colheita;*

2. *Inicie o plantio com mudas bem feitas, evitando as estioladas e usando aquelas que possuem raízes bem formadas;*

3. *Corrija o solo para elevar a saturação de bases a cerca de 80%;*

4. *Coloque em torno de 2 a 3 kg/m² de esterco de curral bem curtido;*

5. *A fertirrigação é fundamental para a economia de água, redução de mão-de-obra e balanceamento dos nutrientes, diminuindo, dessa forma, os gastos financeiros e elevando a produtividade e qualidade final do fruto.*

16.   COEFICIENTES TÉCNICOS

O plantio deve ser planejado com antecedência para que permita o máximo rendimento da produção e exija o mínimo de custo de manejo, tanto no campo como na estufa.

O produtor deve procurar sempre obter melões de boa qualidade e com o peso característico do cultivar, evitando no processo danos físicos ou mecânicos aos frutos, que normalmente são ocasionados pelo manejo inadequado. Batidas, arranhões, excesso de calor e luz e o ataque de pragas e doenças comprometem à qualidade da produção final.

Vale ressaltar que o plantio irá sofrer diversos fatores externos a nosso controle, como exemplos, fatores climáticos como a chuva; o vento; a geadas; os granizos; o excesso de sol, calor e luz, além de auxiliar em um melhor controle de pragas e doenças.

17. BIBLIOGRÁFIA CONSULTADA

AGRIANUAL 2011/Heloísa Poll et al. – Santa Cruz do sul Editora Gazeta Santa Cruz, 2011. 128p.

ARAÚJO, J.A.C. de, CASTELLANNE, P.C. **10 anos De plasticultura na UNESP/Jaboticabal**. 70p. 1991.

BLEINROTH, E.W. Condições de armazenamento e sua operação. In: ITAL. Tecnologia pós-colheita de frutas tropicais. Campinas: ITAL, 1988. p.155-6.

CEAGESP. **Mercado atacadista de São Paulo**. 2011.

CERMEÑO, Z.S. Culturas de plantas hortícolas em estufa. Litexa: Aedos, 1985. 363p.

CHITARRA, M.I.F., CHITARRA, A.B. *Pós-colheita de frutas e hortaliças; fisiologia e manuseio*. Lavras: ESAL/FAEPE, 1990. 293p.

FAO. **FAOSTAT** – Base de dados das culturas agrícolas. 2011.

FUNDAÇÃO INSTITUTO BRASILEIRO DE GEOGRÁFIA E ESTATÍSTICA. **Anuário Estatístico do Brasil**. Rio de Janeiro: FIBGE, 2011.720p.

GUERRA, A.G.. **Efeitos da adubação mineral e orgânica na conservação e qualidade pós-colheita do fruto de melão(***Cucumis melo*** L.)**. 1995.70p. *Dissertação de Mestrado*. Faculdade de Ciências Agrárias e Veterinárias de Jaboticabal- UNESP).

GUERRA,A.G. ARAÚJO, J.A.C. **Produção de melão**.

(*Cucumis melo* L.). em estufa com diferentes cultivares,sob polietileno comum e irrigado por gotejamento.In: CONGRESSO BRASILEIRO DE OLERICULTURA. 1998.

HARDENBURG, R.E, WATADA, A.E. , WANG, C.Y. **The commercial storage of fruits, vegetables, and florist and nursery stocks**. Beltsville:USDA, 1986. 130p. (Agric. Handbook, 66).

KILL, L. H. P,. RIBEIRO, M. de F., SIQUEIRA, K.M. M. de, SILVA, E. M. S. Polinização do meloeiro: biologia reprodutiva e manejo de polinizadores. **MINISTERIO DO MEIO AMBIENTE/MMA**.36p. 2015.

MALLICK, M.F.R., MASUI, M. **Origin, distribution and taxonomy of melons**. Sci. Hortic., Amsterdam, n.28, .251-61, 1968.

NUEZ,F., PROHENS, J,.IGLESIAS,A.,CORDOVA, P.F. **Catalogo de semillas de melon**. Instituto Nacional de Investigación y Tecnología Agraria y Alimentaria/Madri. 220p. 1996.

SALVETTI, M.G. **O polietileno na agropecuária brasileira**. Porto Alegre:Ed. Palloti, 1985. 153p.

SGANZERLA, E. **Nova agricultura**. Porto Alegre: Ed. Petroquímica Triunfo, 1987. 303p.

ZAPATA,M., CABRERA,P., BAÑON,S., ROTH,P. **El melon**.

Madri. Mundi-Prensa. 1989. 174p.

WHITAKER, T.W., DAVIS, G.N. **Curcubita botany, cultivation and utilization**. London: Leonard Hill,1962. 250p.

15. AUTOR

Hamilton G. Guerra:

Engenheiro Agrônomo, Escritor, Pesquisador e Professor de Fruticultura (Doutor em Agronomia) e Consultor "Ad hoc" do CNPq. Foi Presidente do **XXI Congresso Brasileiro de Fruticultura** e atua nas áreas de Fruticultura, Biotecnologia, Produção Vegetal e Diagnósticos e Gestão de Cadeias Produtivas de Fruteiras, com mais de 13 livros escritos.

www.ingramcontent.com/pod-product-compliance
Lightning Source LLC
Chambersburg PA
CBHW030705220526
45463CB00005B/1906